BERICHTE ÜBER DIE VERHANDLUNGEN DER SÄCHSISCHEN AKADEMIE DER WISSENSCHAFTEN ZU LEIPZIG

Mathematisch-naturwissenschaftliche Klasse
Band 103 · Heft 6

HANS SCHUBERT / ERICH SCHINCKE

DIE BERECHNUNG EINER ZIRKULATIONSLOSEN UNTERSCHALLSTRÖMUNG UM DEN KREISZYLINDER MIT DER HODOGRAPHENMETHODE

AKADEMIE-VERLAG · BERLIN

1959

BERICHTE ÜBER DIE VERHANDLUNGEN DER SÄCHSISCHEN AKADEMIE DER WISSENSCHAFTEN ZU LEIPZIG

MATHEMATISCH-NATURWISSENSCHAFTLICHE KLASSE

Band 97

Heft 1 Prof. Dr. ERICH STRACK / Beobachtungen über den endogenen Anteil des Kot-Stickstoffs
24 Seiten – 8° – 1949 – DM 2,50 *(vergriffen)*

Heft 2 Prof. Dr. ERNST HÖLDER / Über die Variationsprinzipe der Mechanik der Kontinua
13 Seiten – 8° – 1950 – DM 2,75 *(vergriffen)*

Heft 3 Dr. H. GERSTNER / Dr. H. BAARK / Dr. H. GRAUL / Der Wechselstromwiderstand der Froschhaut
25 Seiten – 8° – DM 2,75 *(vergriffen)*

Heft 4 Prof. Dr. HERBERT BECKERT / Existenz- und Eindeutigkeitsbeweise für das Differenzenverfahren zur Lösung des Anfangswertproblems, des gemischten Anfangs-Randwert- und des charakteristischen Problems einer hyperbolischen Differentialgleichung zweiter Ordnung mit zwei unabhängigen Variablen
42 Seiten – 8° – 1950 – DM 9,– *(vergriffen)*

Heft 5 Prof. Dr. HERBERT BECKERT / Über quasilineare hyperbolische Systeme partieller Differentialgleichungen erster Ordnung mit zwei unabhängigen Variablen. Das Anfangswertproblem, die gemischte Anfangs-Randwertaufgabe, das charakteristische Problem
68 Seiten – 8° – 1950 – DM 14,50 *(vergriffen)*

Heft 6 Prof. Dr.-Ing. ENNO HEIDEBROEK / Das Verhalten von zähen Flüssigkeiten, insbesondere Schmierflüssigkeiten, in engen Spalten
Nachdruck – 40 Seiten – 24 Abbildungen – 8° – 1952 – DM 5,80

Heft 7 Prof. Dr. HANS SCHUBERT / Über eine lineare Integrodifferentialgleichung mit Zusatzkern
52 Seiten – 8° – 1950 – DM 9,25 *(vergriffen)*

Heft 8 Dipl.-Phys. HELMAR KRUPP / Bestimmung der allgemeinen Lösung der Schrödinger-Gleichung für Coulomb-Potential
28 Seiten – 8° – 1950 – DM 5,50 *(vergriffen)*

Band 98

Heft 1 Prof. Dr. WALTER SCHNEE / Über magische Quadrate und lineare Gitterpunktprobleme
48 Seiten – 8° – 1951 – DM 4,65 *(vergriffen)*

Heft 2 Prof. Dr.-Ing. ENNO HEIDEBROEK / Über die Beziehungen zwischen Schmierung und Verschleiß bei geschmierter Gleitreibung
Nachdruck – 36 Seiten – 5 Abbildungen – 8° – 1954 – DM 2,75

Heft 3 Prof. Dr.-Ing. e. h. KARL KEGEL / Der Salzstock Mirowo bei Provadia in Bulgarien
26 Seiten – 9 Abbildungen – 8° – 1951 – DM 3,– *(vergriffen)*

Heft 4 Prof. Dr. HERBERT BECKERT / Prof. Dr. HANS SALIÉ / Bemerkungen über die Verbiegung hyperbolisch gekrümmter Flächenstücke / Über Abels Verallgemeinerung der binomischen Formel
22 Seiten – 2 Abbildungen – 8° – 1951 – DM 2,25

Heft 5 Prof. Dr. ERICH STRACK / Die Dauerinfusion als Verfahren zur Erforschung des Kohlenhydratstoffwechsels des Tierkörpers
20 Seiten – 8° – 1952 – DM 2,– *(vergriffen)*

BERICHTE ÜBER DIE VERHANDLUNGEN DER SÄCHSISCHEN
AKADEMIE DER WISSENSCHAFTEN ZU LEIPZIG

Mathematisch-naturwissenschaftliche Klasse
Band 103 · Heft 6

HANS SCHUBERT / ERICH SCHINCKE

DIE BERECHNUNG EINER ZIRKULATIONSLOSEN UNTERSCHALLSTRÖMUNG UM DEN KREISZYLINDER MIT DER HODOGRAPHENMETHODE

Mit 12 Abbildungen und 4 Tabellen

AKADEMIE-VERLAG · BERLIN
1959

Vorgelegt durch Hrn. Kähler in der Sitzung vom 9. März 1959
Manuskript eingeliefert am 9. März 1959
Druckfertig erklärt am 18. Oktober 1959

Erschienen im Akademie-Verlag GmbH, Berlin W 1, Leipziger Str. 3—4
Lizenz-Nr. 202 · 100/746/59
Gesamtherstellung: Druckhaus „Maxim Gorki", Altenburg
Bestellnummer: 2027/103/6
Preis: DM 4,20
Printed in Germany
ES 18 B 2

1. Das direkte Problem

In der vorliegenden Untersuchung wird die stationäre Unterschallströmung einer reibungslosen Flüssigkeit um ein Kreisprofil für die Anström-MACH-Zahl $M_0 \approx 0{,}3$ berechnet, wenn keine Zirkulation vorhanden ist. Zu diesem Zweck wird ein Näherungsverfahren entwickelt, das die in [1] angegebene Fassung des „direkten Problems" zum Ausgangspunkt hat. Zur Erleichterung der Übersicht stellen wir die grundlegenden Beziehungen, die zu dieser Fassung geführt haben, noch einmal zusammen und ergänzen sie durch einige für die Rechnung wichtige Bemerkungen. Die Spezialisierung auf den Fall des Kreiszylinders nehmen wir erst nach dieser Zusammenstellung im Abschnitt 2 vor.

In der xy-Ebene sei ein Profil S_{I} mit doppelter Symmetrie in bezug auf das xy-System vorgegeben. Im Außengebiet T_{I} von S_{I} existieren ein Geschwindigkeitspotential $\Phi(x, y)$ und eine Stromfunktion $\Psi(x, y)$, die durch die bekannten Beziehungen

$$(1{,}1) \qquad \Phi_x = \frac{\varrho_0}{\varrho} \Psi_y \qquad \Phi_y = -\frac{\varrho_0}{\varrho} \Psi_x$$

verbunden sind. Hieraus ergibt sich z. B. für $\Psi(x, y)$ die nichtlineare Differentialgleichung

$$\Psi_{xx} \left\{1 - \left(\frac{\varrho_0}{\varrho a}\right)^2 \Psi_y^2\right\} + \Psi_{yy} \left\{1 - \left(\frac{\varrho_0}{\varrho a}\right)^2 \Psi_x^2\right\} + 2 \left(\frac{\varrho_0}{\varrho a}\right)^2 \Psi_{xy} \Psi_x \Psi_y = 0. \qquad (1{,}2)$$

Gesucht wird eine Stromfunktion $\Psi(x, y)$, die in T_{I} dieser Differentialgleichung genügt, die Randbedingung[1])

$$(1{,}3) \qquad [\Psi] = 0 \quad \text{auf} \quad S_{\mathrm{I}}$$

---

[1]) Mit dem Klammersymbol $[\Psi]$ bezeichnen wir die Randwerte einer Ortsfunktion $\Psi(x, y)$ zum Unterschied von den Werten innerhalb ihres Regularitätsgebietes.

sowie die Grenzbedingung

$$(1,4)\qquad \frac{\varrho_0}{\varrho}\Psi_y \to w_0, \quad \frac{\varrho_0}{\varrho}\Psi_x \to 0 \quad \text{für} \quad x^2+y^2\to\infty$$

erfüllt. (w_0 Anströmgeschwindigkeit in Richtung der positiven x-Achse). Führen wir auf S_{I} den Stromwinkel ϑ als Kurvenparameter ein und setzen außerdem voraus, daß S_{I} sowohl auf der Oberseite als auch auf der Unterseite eine stetige Krümmung $1/\Re(\vartheta)$ besitzt, so läßt sich S_{I} in der Gestalt

$$(1,5)\quad x(\vartheta) = x_0 + \int_0^{\vartheta} \Re(\vartheta)\cos\vartheta\, d\vartheta,\ y(\vartheta) = y_0 + \int_0^{\vartheta} \Re(\vartheta)\sin\vartheta\, d\vartheta$$

darstellen. Ferner sollen auf S_{I} bei Annäherung von T_{I} her stetige Randwerte von Ψ_x und Ψ_y existieren.

Nach Übergang in die Hodographenebene (Polarkoordinaten w, ϑ) führen wir noch die Transformation

$$(1,6)\qquad \omega = \exp\int_{w_0}^{w} \frac{\varrho}{\varrho_0} K(w)\frac{dw}{w} \qquad \vartheta = \vartheta$$

mit

$$(1,7)\qquad K(w) = \frac{\varrho_0}{\varrho}\sqrt{1-\frac{w^2}{a^2}}$$

aus und erhalten als Bildgebiet von T_{I} in der $\omega\vartheta$-Ebene ein von S_{II} berandetes RIEMANNsches Flächenstück T_{II}, dessen Windungspunkt in den Bildpunkt $\omega = 1$, $\vartheta = 0$ der Grundströmung fällt. Dem Differentialgleichungssystem (1,1) im Gebiet T_{I} entspricht dann im Gebiet T_{II} der $\omega\vartheta$-Ebene das System

$$(1,8)\qquad \Phi_\omega = -K(\omega)\frac{1}{\omega}\Psi_\vartheta \quad \Phi_\vartheta = K(\omega)\,\omega\,\Psi_\omega,$$

wobei der Einfachheit halber

$$(1,9)\qquad K(\omega) \equiv K(\omega(w)) = K(w)$$

gesetzt wurde. Aus (1,8) ergeben sich zwischen den Koordinaten x, y und den Koordinaten ω, ϑ die Differentialgleichungen (vgl. [1] S. 13)

$$(1,10)\quad \begin{aligned} dx &= -\frac{1}{w}\left\{K(\omega)\frac{1}{\omega}\Psi_\vartheta\cos\vartheta + \frac{\varrho_0}{\varrho}\Psi_\omega\sin\vartheta\right\}d\omega \\ &\quad + \frac{1}{w}\left\{K(\omega)\,\omega\Psi_\omega\cos\vartheta - \frac{\varrho_0}{\varrho}\Psi_\vartheta\sin\vartheta\right\}d\vartheta \\ dy &= -\frac{1}{w}\left\{K(\omega)\frac{1}{\omega}\Psi_\vartheta\sin\vartheta - \frac{\varrho_0}{\varrho}\Psi_\omega\cos\vartheta\right\}d\omega \\ &\quad + \frac{1}{w}\left\{K(\omega)\,\omega\Psi_\omega\sin\vartheta + \frac{\varrho_0}{\varrho}\Psi_\vartheta\cos\vartheta\right\}d\vartheta. \end{aligned}$$

Nunmehr bilden wir noch die $\omega\vartheta$-Ebene mittels

$$(1,11)\qquad \tilde{z} = \sqrt{z-1} \qquad (z = \omega e^{i\vartheta},\quad \tilde{z} = \tilde{\Omega} e^{i\tilde{\Theta}})$$

konform auf eine $\tilde{\Omega}\tilde{\Theta}$-Ebene ab und erhalten dort ein schlichtes Bildgebiet T_{III} von T_{II} mit der Randkurve S_{III}. Wie man durch eine elementare Rechnung sieht, gelten in T_{III} die zu (1,8) völlig gleichartig gebauten Differentialgleichungen

$$(1,12)\qquad \Phi_{\tilde{\Omega}} = -K(\tilde{\Omega},\tilde{\Theta})\frac{1}{\tilde{\Omega}}\Psi_{\tilde{\Theta}} \qquad \Phi_{\tilde{\Theta}} = K(\tilde{\Omega},\tilde{\Theta})\,\tilde{\Omega}\Psi_{\tilde{\Omega}},$$

wobei zur Abkürzung

$$(1,13)\qquad K(\tilde{\Omega},\tilde{\Theta}) = K(\omega(\tilde{\Omega},\tilde{\Theta}))$$

gesetzt worden ist. Aus (1,12) ergeben sich dann zwischen den Koordinaten x, y und den Koordinaten $\tilde{\Omega}$, $\tilde{\Theta}$ an Stelle von (1,10) die Gleichungen

$$(1,14)\quad \begin{aligned} dx &= -\frac{1}{w}\left\{K(\tilde{\Omega},\tilde{\Theta})\frac{1}{\tilde{\Omega}}\Psi_{\tilde{\Theta}}\cos\vartheta + \frac{\varrho_0}{\varrho}\Psi_{\tilde{\Omega}}\sin\vartheta\right\}d\tilde{\Omega} \\ &\quad + \frac{1}{w}\left\{K(\tilde{\Omega},\tilde{\Theta})\,\tilde{\Omega}\Psi_{\tilde{\Omega}}\cos\vartheta - \frac{\varrho_0}{\varrho}\Psi_{\tilde{\Theta}}\sin\vartheta\right\}d\tilde{\Theta} \\ dy &= -\frac{1}{w}\left\{K(\tilde{\Omega},\tilde{\Theta})\frac{1}{\tilde{\Omega}}\Psi_{\tilde{\Theta}}\sin\vartheta - \frac{\varrho_0}{\varrho}\Psi_{\tilde{\Omega}}\cos\vartheta\right\}d\tilde{\Omega} \\ &\quad + \frac{1}{w}\left\{K(\tilde{\Omega},\tilde{\Theta})\,\tilde{\Omega}\Psi_{\tilde{\Omega}}\sin\vartheta + \frac{\varrho_0}{\varrho}\Psi_{\tilde{\Theta}}\cos\vartheta\right\}d\tilde{\Theta}. \end{aligned}$$

Aus dem System (1,10) ergibt sich für die reduzierte Stromfunktion

$$\psi(\omega,\vartheta) = \sqrt{K(\omega)}\,\Psi(\omega,\vartheta) \tag{1,15}$$

die Differentialgleichung

$$\Delta\psi(\omega,\vartheta) + \frac{1}{2}\left\{\frac{1}{2}\left(\frac{K_\omega}{K}\right)^2 - \frac{1}{\omega}\frac{K_\omega}{K} - \frac{K_{\omega\omega}}{K}\right\}\psi = 0, \tag{1,16}$$

wobei

$$K_\omega = \frac{dK}{d\omega}$$

gesetzt wurde. Die Differentialgleichung geht unmittelbar in die Schwingungsgleichung

$$\Delta\psi(\omega,\vartheta) + \frac{k^2}{2}\psi(\omega,\vartheta) = 0 \tag{1,17}$$

über, wenn

$$\frac{1}{2}\left(\frac{K_\omega}{K}\right)^2 - \frac{1}{\omega}\frac{K_\omega}{K} - \frac{K_{\omega\omega}}{K} = k^2 \tag{1,18}$$

gefordert wird. Die Beziehung (1,18) fassen wir als Differentialgleichung zweiter Ordnung für die Funktion $K(\omega)$ mit dem zunächst willkürlichen Parameter k auf und suchen diejenige Lösung, die gemäß (1,9) und (1,7) der Bedingung

$$K(1) = \sqrt{1-q_0} \qquad q_0 = \frac{w_0^2}{a_0^2} \tag{1,19}$$

genügen muß; sie lautet (vgl. [2], S. 10)

$$K(\omega) = \sqrt{1-q_0}\left\{\frac{J_0\left(\frac{k}{\sqrt{2}}\,\omega\right)}{J_0\left(\frac{k}{\sqrt{2}}\right)}\right\}^2. \tag{1,20}$$

Um eine quadratische Approximation der Adiabatenkurve

$$\frac{p}{p_0} = \left(\frac{\varrho}{\varrho_0}\right)^\varkappa \tag{1,21}$$

zu erreichen, legen wir den Parameter k durch die in [2], S. 14 abgeleitete Gleichung

$$(1{,}22)\qquad \frac{1-\frac{\varkappa-1}{2}q_0}{q_0} = 1 + \frac{k\sqrt{2}}{q_0}\sqrt{1-q_0}\,\frac{J_1\left(\frac{k}{\sqrt{2}}\right)}{J_0\left(\frac{k}{\sqrt{2}}\right)}$$

fest. Bei Ausführung der konformen Abbildung (1,11) transformiert sich der LAPLACEsche Operator bekanntlich in folgender Weise:

$$\Delta\psi \equiv \psi_{\Omega\Omega} + \frac{1}{\Omega}\psi_\Omega + \frac{1}{\Omega^2}\psi_{\Theta\Theta} = \left|\frac{dz}{d\bar{z}}\right|^2\left(\psi_{\omega\omega} + \frac{1}{\omega}\psi_\omega + \frac{1}{\omega^2}\psi_{\vartheta\vartheta}\right).$$

(1,23)

Dadurch geht (1,17) in die im Gebiet T_{III} gültige Differentialgleichung

$$(1{,}24)\qquad \Delta\psi(\bar{\Omega},\bar{\Theta}) + 2k^2\bar{\Omega}^2\psi(\bar{\Omega},\bar{\Theta}) = 0$$

über. Diese Differentialgleichung hätte man auch folgendermaßen erhalten können. Aus dem System (1,12) ergibt sich durch Elimination von Φ sofort

$$(1{,}25)\qquad \Psi_{\Omega\Omega} + \left(\frac{K_\Omega}{K} + \frac{1}{\Omega}\right)\Psi_\Omega + \frac{1}{\Omega^2}\frac{K_\Theta}{K}\Psi_\Theta + \frac{1}{\Omega^2}\Psi_{\Theta\Theta} = 0$$

und hieraus für die reduzierte Stromfunktion

$$(1{,}26)\qquad \psi(\bar{\Omega},\bar{\Theta}) = \sqrt{K(\bar{\Omega},\bar{\Theta})}\,\Psi(\bar{\Omega},\bar{\Theta})$$

die Differentialgleichung

$$(1{,}27)\qquad \Delta\psi(\bar{\Omega},\bar{\Theta}) + G(\bar{\Omega},\bar{\Theta})\,\psi(\bar{\Omega},\bar{\Theta}) = 0$$

mit

$$(1{,}28)\qquad G(\bar{\Omega},\bar{\Theta}) = \frac{1}{4}\left\{\left(\frac{K_\Omega}{K}\right)^2 + \frac{1}{\Omega^2}\left(\frac{K_\Theta}{K}\right)^2 - \frac{2}{K}\Delta K(\bar{\Omega},\bar{\Theta})\right\}.$$

Wegen (1,13) erhält man durch eine völlig elementare Rechnung

$$(1{,}29)\qquad G(\bar{\Omega},\bar{\Theta}) = \left\{\left(\frac{K_\omega}{K}\right)^2 - \frac{2}{\omega}\frac{K_\omega}{K} - 2\frac{K_{\omega\omega}}{K}\right\}\bar{\Omega}^2.$$

Hieraus erkennt man, daß die Differentialgleichung (1,27) in (1,24) übergeht, wenn man die mit (1,18) äquivalente Forderung

$$G(\bar{\Omega}, \bar{\Theta}) = 2\, k^2\, \bar{\Omega}^2 \tag{1,30}$$

erhebt.

Die zwischen T_{I} und T_{III} bestehenden Abbildungsgleichungen (1,15) schreiben wir mit Hilfe von (1,26) auf die reduzierte Stromfunktion $\psi(\bar{\Omega}, \bar{\Theta})$ um, und erhalten dann

$$\begin{aligned} dx = &-\frac{1}{w}\left\{\frac{K}{\bar{\Omega}}\frac{\partial}{\partial\bar{\Theta}}\left(\frac{\psi}{\sqrt{K}}\right)\cos\vartheta + \frac{\varrho_0}{\varrho}\frac{\partial}{\partial\bar{\Omega}}\left(\frac{\psi}{\sqrt{K}}\right)\sin\vartheta\right\}d\bar{\Omega} \\ &+\frac{1}{w}\left\{K\bar{\Omega}\frac{\partial}{\partial\bar{\Omega}}\left(\frac{\psi}{\sqrt{K}}\right)\cos\vartheta - \frac{\varrho_0}{\varrho}\frac{\partial}{\partial\bar{\Theta}}\left(\frac{\psi}{\sqrt{K}}\right)\sin\vartheta\right\}d\bar{\Theta} \end{aligned}$$

(1,31)

$$\begin{aligned} dy = &-\frac{1}{w}\left\{\frac{K}{\bar{\Omega}}\frac{\partial}{\partial\bar{\Theta}}\left(\frac{\psi}{\sqrt{K}}\right)\sin\vartheta - \frac{\varrho_0}{\varrho}\frac{\partial}{\partial\bar{\Omega}}\left(\frac{\psi}{\sqrt{K}}\right)\cos\vartheta\right\}d\bar{\Omega} \\ &+\frac{1}{w}\left\{K\bar{\Omega}\frac{\partial}{\partial\bar{\Omega}}\left(\frac{\psi}{\sqrt{K}}\right)\sin\vartheta - \frac{\varrho_0}{\varrho}\frac{\partial}{\partial\bar{\Theta}}\left(\frac{\psi}{\sqrt{K}}\right)\cos\vartheta\right\}d\Theta, \end{aligned}$$

wobei man

$$\sin\vartheta = \frac{\bar{\Omega}^2 \sin 2\bar{\Theta}}{\sqrt{\bar{\Omega}^4 + 1 + 2\bar{\Omega}^2\cos 2\bar{\Theta}}} \qquad \cos\vartheta = \frac{\bar{\Omega}^2\cos 2\bar{\Theta} + 1}{\sqrt{\bar{\Omega}^4 + 1 + 2\bar{\Omega}^2\cos 2\bar{\Theta}}}$$

(1,32)

zu setzen hat.

Die Übertragung der Randbedingung (1,3) in die $\omega\vartheta$-Ebene liefert für die reduzierte Stromfunktion (1,15) wegen $K > 0$ auf S_{II}

$$[\psi] = 0. \tag{1,33}$$

Der Einfachheit halber setzen wir voraus, daß ψ_ω, ψ_ϑ auf S_{II} durchweg stetige Randwerte besitzen ohne danach zu fragen, wieweit sich diese Annahmen aus den Voraussetzungen über die Randwerte $[\Psi_x]$, $[\Psi_y]$ auf S_{I} herleiten lassen. Dann lautet (1,33) in differenzierter Form

$$[\psi_\omega]\frac{d\omega}{d\vartheta} + [\psi_\vartheta] = 0. \tag{1,34}$$

Ganz entsprechend ergibt sich auf der Bildkurve S_{III} in der $\bar{\Omega}\,\bar{\Theta}$-Ebene

$$[\psi] = 0 \tag{1,35}$$

bzw.

$$[\psi_{\bar{\Omega}}]\frac{d\bar{\Omega}}{d\bar{\Theta}} + [\psi_{\bar{\Theta}}] = 0. \tag{1,36}$$

Nunmehr muß noch zum Ausdruck gebracht werden, daß S_{II} und damit auch S_{III} die Bilder des vorgegebenen Profils S_I darstellen. Zu diesem Zwecke führen wir in die Beziehungen (1,10) die reduzierte Stromfunktion (1,15) ein und erhalten für die Abbildung von S_I auf S_{II} bei Beachtung von (1,33)

$$\begin{aligned}
\frac{dx}{d\vartheta} = & -\frac{1}{w}\left\{\sqrt{K}\,\frac{1}{\omega}\,[\psi_\vartheta]\cos\vartheta + \frac{\varrho_0}{\varrho}\,\frac{1}{\sqrt{K}}\,[\psi_\omega]\sin\vartheta\right\}\frac{d\omega}{d\vartheta} \\
& + \frac{1}{w}\left\{\sqrt{K}\,\omega\,[\psi_\omega]\cos\vartheta - \frac{\varrho_0}{\varrho}\,\frac{1}{\sqrt{K}}\,[\psi_\vartheta]\sin\vartheta\right\} \\
\frac{dy}{d\vartheta} = & \quad\frac{1}{w}\left\{\sqrt{K}\,\frac{1}{\omega}\,[\psi_\vartheta]\sin\vartheta - \frac{\varrho_0}{\varrho}\,\frac{1}{\sqrt{K}}\,[\psi_\omega]\cos\vartheta\right\}\frac{d\omega}{d\vartheta} \\
& + \frac{1}{w}\left\{\sqrt{K}\,\omega\,[\psi_\omega]\sin\vartheta + \frac{\varrho_0}{\varrho}\,\frac{1}{\sqrt{K}}\,[\psi_\vartheta]\cos\vartheta\right\}.
\end{aligned} \tag{1,37}$$

Für die Ableitungen auf den linken Seiten haben wir gemäß (1,5) die Ausdrücke

$$\frac{dx}{d\vartheta} = \Re(\vartheta)\cos\vartheta \quad \text{und} \quad \frac{dy}{d\vartheta} = \Re(\vartheta)\sin\vartheta \tag{1,38}$$

einzusetzen und $\frac{d\omega}{d\vartheta}$ auf den rechten Seiten mit Hilfe von (1,34) durch $[\psi_\omega]$ und $[\psi_\vartheta]$ auszudrücken. Nach einer elementaren Rechnung gelangt man zu der folgenden Bedingung auf S_{II} (vgl. [1] S. 17ff.)

$$[\psi_\omega]^2 + \frac{1}{\omega^2}\,[\psi_\vartheta]^2 = \frac{\Re(\vartheta)}{\sqrt{K(\omega)}}\,\frac{w(\omega)}{\omega}\,[\psi_\omega], \tag{1,39}$$

die beim Übergang in die $\tilde{\Omega}\,\tilde{\Theta}$-Ebene die Form

$$[\psi_{\tilde{\Omega}}]^2 + \frac{1}{\tilde{\Omega}^2}[\psi_{\tilde{\Theta}}]^2 = 2h(\tilde{\Omega},\tilde{\Theta})\{[\psi_{\tilde{\Omega}}]\tilde{\Omega}(\tilde{\Omega}^2+\cos 2\tilde{\Theta}) - [\psi_{\tilde{\Theta}}]\sin 2\tilde{\Theta}\} \tag{1,40}$$

mit

$$h(\tilde{\Omega},\tilde{\Theta}) = \frac{\mathfrak{R}(\tilde{\Omega},\tilde{\Theta})}{\sqrt{K(\tilde{\Omega},\tilde{\Theta})}}\,\frac{w(\tilde{\Omega},\tilde{\Theta})}{\tilde{\Omega}^4+1+2\tilde{\Omega}^2\cos 2\tilde{\Theta}} \tag{1,41}$$

annimmt. Dabei haben wir zur Abkürzung außer (1,19) noch

$$w(\omega) = w(\tilde{\Omega},\tilde{\Theta}) \quad \mathfrak{R}(\vartheta) = \mathfrak{R}(\tilde{\Omega},\tilde{\Theta})$$

gesetzt.

Bedeutet nun $\bar{\psi}(\tilde{\Omega},\tilde{\Theta})$ die Stromfunktion einer bekannten kompressiblen Strömung, die bei gleicher Anströmgeschwindigkeit zu einem Nachbarprofil $\bar{S}_{\mathrm{I}}$ von S_{I} gehört und ebenfalls zirkulationsfrei ist, so besitzt $\bar{\psi}$ im Bildpunkt der Grundströmung, d. h. im Punkte $\tilde{\Omega} = 0$ dieselbe Singularität wie die gesuchte Stromfunktion $\psi(\tilde{\Omega},\tilde{\Theta})$, da die Singularität durch die Anströmung und die zugrunde liegende Druck-Dichte-Beziehung bereits vollständig bestimmt ist (vgl. [2] S. 20ff.). Daher ist es zweckmäßig, ψ in der Gestalt

$$\psi(\tilde{\Omega},\tilde{\Theta}) = \bar{\psi}(\tilde{\Omega},\tilde{\Theta}) + \chi(\tilde{\Omega},\tilde{\Theta}) \tag{1,42}$$

anzusetzen. Die so erklärte Korrekturfunktion χ ist dann eine in T_{III} durchweg reguläre[1]) Lösung der Differentialgleichung (1,24), d. h. es gilt in T_{III}

$$\Delta\chi + 2k^2\tilde{\Omega}^2\chi = 0. \tag{1,43}$$

Außerdem genügt χ wegen (1,35) und (1,39) auf S_{III} den beiden Randbedingungen

$$[\chi] = -[\bar{\psi}] \tag{1,44}$$

und

$$[\chi_{\tilde{\Omega}}]^2 + \frac{1}{\tilde{\Omega}^2}[\chi_{\tilde{\Theta}}]^2 + A(\tilde{\Omega},\tilde{\Theta})[\chi_{\tilde{\Omega}}] + B(\tilde{\Omega},\tilde{\Theta})[\chi_{\tilde{\Theta}}] = C(\tilde{\Omega},\tilde{\Theta}) \tag{1,45}$$

---

[1]) In der Umgebung des Ursprungs der $\tilde{\Omega}\tilde{\Theta}$-Ebene soll $\chi(\tilde{\Omega},\tilde{\Theta})$ eine Entwicklung der Form

$$\chi(\tilde{\Omega},\tilde{\Theta}) = \sum_{\mu=0}^{\infty} d_{\mu+1/2}\,J_{\mu+1/2}\left(\frac{k}{\sqrt{2}}\,\tilde{\Omega}^2\right)\cos(2\mu+1)\,\tilde{\Theta}$$

zulassen.

mit

$$\frac{1}{2} A(\tilde{\Omega}, \tilde{\Theta}) = [\psi_{\tilde{\Omega}}] - h(\tilde{\Omega}, \tilde{\Theta})\, \tilde{\Omega}(\tilde{\Omega}^2 + \cos 2\tilde{\Theta})$$

$$(1,46) \qquad \frac{1}{2} B(\tilde{\Omega}, \tilde{\Theta}) = \frac{1}{\tilde{\Omega}^2} [\psi_{\tilde{\Theta}}] + h(\tilde{\Omega}, \tilde{\Theta}) \sin 2\tilde{\Theta}$$

$$\frac{1}{2} C(\tilde{\Omega}, \tilde{\Theta}) = -\frac{1}{2} \left\{ [\psi_{\tilde{\Omega}}]^2 + \frac{1}{\tilde{\Omega}^2} [\psi_{\tilde{\Theta}}]^2 \right\}$$
$$+ h(\tilde{\Omega}, \tilde{\Theta}) \left\{ [\psi_{\tilde{\Omega}}]\, \tilde{\Omega}(\tilde{\Omega}^2 + \cos 2\tilde{\Theta}) - [\psi_{\tilde{\Theta}}] \sin 2\tilde{\Theta} \right\}.$$

Zur Formulierung des Randwertproblems in der $\tilde{\Omega}\tilde{\Theta}$-Ebene führen wir wie in [1] gewisse Kurven als „zulässig" ein. Unter einer zulässigen Kurve in der $\tilde{\Omega}\tilde{\Theta}$-Ebene verstehen wir jede doppelpunktfreie geschlossene Kurve mit durchweg stetiger Tangente, die ein Sterngebiet in bezug auf den Ursprung berandet und den Symmetriebedingungen

$$(1,47) \qquad \tilde{\Omega}(\tilde{\Theta}) = \tilde{\Omega}(\tilde{\Theta} + \pi) \quad \tilde{\Omega}\left(\frac{\pi}{2} - \tilde{\Theta}\right) = \tilde{\Omega}\left(\frac{\pi}{2} + \tilde{\Theta}\right)$$

genügt. Dann lautet das Randwertproblem für die Korrekturfunktion χ in der $\tilde{\Omega}\tilde{\Theta}$-Ebene folgendermaßen: Gesucht wird 1) die Gleichung $\tilde{\Omega} = \tilde{\Omega}(\tilde{\Theta})$ einer zulässigen Kurve S_{III} als Rand des Sterngebietes T_{III} und 2) eine in T_{III} reguläre Lösung χ der Differentialgleichung (1,43), die nebst ihren partiellen Ableitungen erster Ordnung auf S_{III} stetige Randwerte besitzt und den beiden Randbedingungen (1,44) und (1,45) genügt.

Für die numerische Behandlung dieses Randwertproblems ist es vorteilhaft, die Randbedingung (1,44) in der Form

$$(1,48) \qquad [\chi_{\tilde{\Omega}}] \frac{d\tilde{\Omega}}{d\tilde{\Theta}} + [\chi_{\tilde{\Theta}}] = -[\psi_{\tilde{\Omega}}] \frac{d\tilde{\Omega}}{d\tilde{\Theta}} - [\psi_{\tilde{\Theta}}]$$

zu schreiben. Um der Randbedingung (1,45) ebenfalls eine andere Gestalt zu geben, eliminieren wir aus (1,40) mit Hilfe von (1,36) die Randfunktion $[\psi_{\tilde{\Theta}}]$ und erhalten in allen Punkten von S_{III}, in denen $[\psi_{\tilde{\Omega}}] \neq 0$ ist, die Bedingung

$$(1,49) \qquad [\psi_{\tilde{\Omega}}] = \frac{2h(\tilde{\Omega}, \tilde{\Theta})}{1 + \frac{1}{\tilde{\Omega}^2}\left(\frac{d\tilde{\Omega}}{d\tilde{\Theta}}\right)^2} \left\{ \tilde{\Omega}(\tilde{\Omega}^2 + \cos 2\tilde{\Theta}) + \frac{d\tilde{\Omega}}{d\tilde{\Theta}} \sin 2\tilde{\Theta} \right\}.$$

Durch Einführung von (1,42) folgt hieraus

$$[\chi_{\tilde{\Omega}}] = -[\bar{\psi}_{\tilde{\Omega}}] + \frac{2h(\tilde{\Omega},\tilde{\Theta})}{1+\frac{1}{\tilde{\Omega}^2}\left(\frac{d\tilde{\Omega}}{d\tilde{\Theta}}\right)^2}\left\{\tilde{\Omega}(\tilde{\Omega}^2+\cos 2\tilde{\Theta})+\frac{d\tilde{\Omega}}{d\tilde{\Theta}}\sin 2\tilde{\Theta}\right\}. \tag{1,50}$$

In den beiden Randbedingungen (1,48) und (1,50) hat man sich für das Argument $\tilde{\Omega}$ überall die noch unbekannte Gleichung $\tilde{\Omega} = \tilde{\Omega}(\tilde{\Theta})$ von S_{III} eingesetzt zu denken.

Zur Herleitung der Randbedingung (1,50) bemerken wir noch, daß die Annahme $[\psi_{\tilde{\Omega}}] \neq 0$ keine wesentliche Einschränkung der Allgemeinheit darstellt. Verschwindet $[\psi_{\tilde{\Omega}}]$ nur in isolierten Punkten von S_{III}, so gilt die Randbedingung (1,50) aus Stetigkeitsgründen auch noch in diesen Punkten. Profile, bei denen $[\psi_{\tilde{\Omega}}]$ auf S_{III} in unendlich vielen Punkten verschwindet, wollen wir von der weiteren Betrachtung ausschließen. An Hand bekannter Hodographen haben wir festgestellt, daß $[\psi_{\tilde{\Omega}}]$ nur in den Bildern von Staupunkten verschwinden kann.

Da das transformierte Randwertproblem in der $\tilde{\Omega}\tilde{\Theta}$-Ebene nur näherungsweise gelöst werden kann (vgl. Abschnitt 3), ist es erforderlich, nach Ermittlung einer geeigneten Näherungslösung $\psi^*(\tilde{\Omega},\tilde{\Theta})$ nachzuprüfen, ob die durch $\psi^*(\tilde{\Omega},\tilde{\Theta}) = 0$ bestimmte Kurve S^*_{III} in eine Kurve S^*_{I} in der Strömungsebene zurück übertragen wird, die in der gewünschten Nähe des vorgegebenen Profils S_I verläuft. Erst an Hand dieser Nachprüfung kann man feststellen, ob man durch Auflösung des transformierten Problems einen nennenswerten Fortschritt über das Ergebnis des zugehörigen indirekten Problems hinaus erzielt hat. Zu diesem Zweck formen wir die Randbedingung (1,49) mit Hilfe von (1,41) in folgender Weise um

$$\mathfrak{R}(\tilde{\Omega},\tilde{\Theta}) = [\psi_{\tilde{\Omega}}]\,\frac{\sqrt{K(\tilde{\Omega},\tilde{\Theta})}}{2}\,\frac{\omega^2}{w}\,\frac{1+\frac{1}{\tilde{\Omega}^2}\left(\frac{d\tilde{\Omega}}{d\tilde{\Theta}}\right)^2}{\tilde{\Omega}(\tilde{\Omega}^2+\cos 2\tilde{\Theta})+\frac{d\tilde{\Omega}}{d\tilde{\Theta}}\sin 2\tilde{\Theta}}, \tag{1,51}$$

wobei man für $\tilde{\Omega}$ die Kurvengleichung $\tilde{\Omega} = \tilde{\Omega}(\tilde{\Theta})$ von S_{III} einzusetzen hat. Die Beziehung (1,51) kann man nun auch benutzen, um die entsprechende Funktion $\mathfrak{R}^*(\tilde{\Omega},\tilde{\Theta})$ für die Näherungskurve S^*_{III} zu berechnen. Man braucht dabei nur auf der rechten Seite $[\psi_{\tilde{\Omega}}]$ durch $[\psi^*_{\tilde{\Omega}}]$ zu ersetzen und bei der Berechnung aller von $\tilde{\Omega}$ abhängigen Größen auf die Kurvengleichung $\tilde{\Omega} = \tilde{\Omega}^*(\tilde{\Theta})$ von S^*_{III} zurückzugreifen. Der Krümmungsverlauf von S_I bzw. S^*_I ist dann durch die Funktionen

$$\mathfrak{R}(\vartheta) = \mathfrak{R}(\tilde{\Omega}, \tilde{\Theta}) \quad \text{bzw.} \quad \mathfrak{R}^*(\vartheta) = \mathfrak{R}^*(\tilde{\Omega}, \tilde{\Theta}) \tag{1,52}$$

gegeben, die sich mittels der konformen Abbildung (1,11) berechnen lassen. Ferner kann man die Profilkontur S^*_I durch Einführung von $\mathfrak{R}^*(\vartheta)$ in (1,5) ermitteln und dann unmittelbar mit S_I vergleichen.

Um nun auch nachzuprüfen, in welchem Intervall von $q = \frac{w^2}{a_0^2}$ die quadratische Approximation der Adiabatenkurve an Stelle der POISSON-Adiabate selbst benutzt werden darf, wollen wir eine nichtlineare Differentialgleichung zweiter Ordnung für die zur Näherungsadiabate gehörende Dichte $\frac{\varrho}{\varrho_0}(q)$ herleiten. Aus (1,9) ergibt sich mit (1,7) und (1,20) zunächst die Beziehung

$$\sqrt{1-q_0}\left\{\frac{J_0\left(\frac{k}{\sqrt{2}}\,\omega\right)}{J_0\left(\frac{k}{\sqrt{2}}\right)}\right\}^2 = \frac{\varrho_0}{\varrho}\sqrt{1-\frac{w^2}{a^2}}. \tag{1,53}$$

Ferner folgt aus der BERNOULLIschen Gleichung (vgl. [2] S. 12)

$$\frac{a^2}{a_0^2}\frac{d}{dq}\left(\frac{\varrho}{\varrho_0}\right) = -\frac{1}{2}\frac{\varrho}{\varrho_0}, \tag{1,54}$$

so daß (1,53) in

$$\sqrt{1-q_0}\left\{\frac{J_0\left(\frac{k}{\sqrt{2}}\,\omega\right)}{J_0\left(\frac{k}{\sqrt{2}}\right)}\right\}^2 = \frac{\varrho_0}{\varrho}\sqrt{1+2q\frac{\varrho_0}{\varrho}\frac{d}{dq}\left(\frac{\varrho}{\varrho_0}\right)} \tag{1,55}$$

übergeht. Differenziert man diese Gleichung nach q unter Berücksichtigung der aus (1,6) mit (1,54) hervorgehenden Gleichung

$$\omega(q) = \exp\left\{\frac{1}{2}\int_{q_0}^{q}\sqrt{1+2q\frac{\varrho_0}{\varrho}\frac{d}{dq}\left(\frac{\varrho}{\varrho_0}\right)}\,\frac{dq}{q}\right\}, \tag{1,56}$$

so erhält man für die Dichte $\varrho/\varrho_0(q)$ die nichtlineare Differentialgleichung zweiter Ordnung

$$q^2 \frac{\varrho_0}{\varrho} \frac{d^2\left(\frac{\varrho}{\varrho_0}\right)}{dq^2} - 3\frac{\varrho_0}{\varrho}\left(\frac{d\left(\frac{\varrho}{\varrho_0}\right)}{dq}\right)^2 = -\left\{1 + 2q\frac{\varrho_0}{\varrho}\frac{d\left(\frac{\varrho_0}{\varrho}\right)}{dq}\right\}^{3/2} \frac{J_1\left(\frac{k}{\sqrt{2}}\omega\right)}{J_0\left(\frac{k}{\sqrt{2}}\right)}. \tag{1,57}$$

Da die POISSON-Adiabate von ihrer Ersatzkurve in dem der Anströmung entsprechenden Punkt $p = p_0, \varrho = \varrho_0$ von zweiter Ordnung berührt wird, ergeben sich aus den Gleichungen (3,1) und (3,7) auf S. 11 und 12 von [2] die Beziehungen

$$\left(\frac{\varrho}{\varrho_0}\right)_{q=q_0} = 1 \quad \text{und} \quad \left(\frac{d\left(\frac{\varrho}{\varrho_0}\right)}{dq}\right)_{q=q_0} = -\frac{1}{2}, \tag{1,58}$$

die als Anfangsbedingungen für die Differentialgleichung (1,57) aufzufassen sind. Dieses Anfangswertproblem kann man mit einem der üblichen Verfahren der praktischen Analysis, z. B. dem RUNGE-KUTTA-Verfahren lösen und das Ergebnis mit der der POISSON-Adiabate entsprechenden Kurve

$$\frac{\varrho}{\varrho_0} = \left\{1 - \frac{\varkappa - 1}{2}(q - q_0)\right\}^{\frac{1}{\varkappa - 1}} \tag{1,59}$$

vergleichen.

2. Die Ausgangsnäherung als Lösung eines indirekten Problems

Um für die gesuchte Stromfunktion ψ der zirkulationslosen kompressiblen Strömung um den Kreiszylinder eine geeignete Ausgangsnäherung $\bar{\psi}$ in der $\bar{\Omega}\bar{\Theta}$-Ebene herzustellen, erscheinen uns folgende Forderungen physikalisch sinnvoll:

1) Der Charakter der Singularität der Strömung $\bar{\psi}(\bar{\Omega}, \bar{\Theta})$ im Ursprung $\bar{O}$ der $\bar{\Omega}\bar{\Theta}$-Ebene, der dem Punkt $w = w_0, \vartheta = 0$ der Hodographenebene zugeordnet ist, soll genau derselbe sein wie derjenige

der inkompressiblen Strömung, die das gegebene Kreisprofil mit derselben Anströmgeschwindigkeit zirkulationslos umströmt.

Dann hat die gesuchte kompressible Stromfunktion $\psi(\bar{\Omega}, \bar{\Theta})$ auf Grund der in [2] S. 17ff. erhobenen Forderung denselben Pol erster Ordnung im Bildpunkt der Grundströmung wie $\bar{\psi}(\bar{\Omega}, \bar{\Theta})$.

2) Unter den Stromlinien der Ausgangsnäherung $\bar{\psi}$ soll ein geschlossenes Profil $\bar{S}_I$ mit durchweg stetiger Tangente enthalten sein, das dieselbe Symmetrieeigenschaft besitzt, wie das vorgegebene Profil S_I[1]).

3) Das zur Ausgangsnäherung $\bar{\psi}$ gehörige Profil S_I soll denselben Abstand zwischen vorderem und hinterem Staupunkt besitzen wie das vorgegebene Profil.

Es wäre zweifellos wünschenswert, die Forderung 3) dahingehend zu verschärfen, daß außerdem $\bar{S}_I$ in einer passend definierten Nachbarschaft von S_I verläuft, weil dann beim Übergang von $\bar{\psi}$ zur gesuchten Stromfunktion ψ nur eine kleine Korrektur $\chi = \psi - \bar{\psi}$ berechnet zu werden braucht. Man darf aber nicht übersehen, daß eine kompliziert gebaute Ausgangsnäherung $\bar{\psi}$ ebenfalls zu einer wesentlichen Erhöhung des Rechenaufwandes beiträgt.

Die in der Forderung 1) erwähnte inkompressible Vergleichsströmung, die das gegebene Kreisprofil vom Radius R mit derselben Anströmgeschwindigkeit w_0 zirkulationslos umströmt wie die gesuchte kompressible Strömung, hat bekanntlich das komplexe Potential (vgl. z. B. [2], S. 19ff.)

$$(2,1)\quad F(\mathfrak{z}) = w_0\left(\mathfrak{z} + \frac{R^2}{\mathfrak{z}}\right) = \Phi_{ik}(x, y) + i\,\Psi_{ik}(x, y) \quad (\mathfrak{z} = x + iy).$$

Gehen wir mit Hilfe der Beziehungen

$$(2,2)\qquad u = \frac{\partial \Phi_{ik}}{\partial x} = w_{ik}\cos\vartheta_{ik}, \quad v = \frac{\partial \Phi_{ik}}{\partial y} = w_{ik}\sin\vartheta_{ik}$$

zur inkompressiblen Hodographenebene mit den Polarkoordinaten w_{ik}, ϑ_{ik} über, so ergibt sich für die Stromfunktion

$$(2,3)\quad \Psi_{ik}(w_{ik}, \vartheta_{ik}) = R\sqrt{\frac{w_0}{2}}\,\sqrt{W + w_{ik}\cos\vartheta_{ik} - w_0}\cdot\left(\frac{w_0}{W} - 1\right)$$

mit

$$W = \sqrt{w_{ik}^2 + w_0^2 - 2w_{ik}w_0\cos\vartheta_{ik}}.$$

---

[1]) Einfach symmetrische Profile mit endlichem Hinterkantenwinkel sollen später behandelt werden.

Aus (1,6) erhalten wir durch den Grenzübergang $\varrho \to \varrho_0$, $a \to \infty$ die Abbildung

$$\omega_{ik} = \frac{w_{ik}}{w_0} \qquad \vartheta_{ik} = \vartheta_{ik}, \tag{2,4}$$

die eine einfache Ähnlichkeitstransformation darstellt. Analog zu (1,11) bilden wir die $\omega_{ik}\,\vartheta_{ik}$-Ebene mittels

$$\tilde{z} = \sqrt{z-1} \qquad (z = \omega_{ik}\, e^{i\vartheta_{ik}}, \quad \tilde{z} = \tilde{\Omega}_{ik}\, e^{i\tilde{\Theta}_{ik}}) \tag{2,5}$$

konform auf die $\tilde{\Omega}_{ik}\,\tilde{\Theta}_{ik}$-Ebene ab und erhalten aus (2,3)

$$\Psi_{ik}(\tilde{\Omega}_{ik}, \tilde{\Theta}_{ik}) = R w_0 \left(\frac{\sqrt{w_0}}{\tilde{\Omega}_{ik}} - \frac{\tilde{\Omega}_{ik}}{\sqrt{w_0}} \right) \cos \tilde{\Theta}_{ik}. \tag{2,6}$$

Wenn wir bei der inkompressiblen Strömung an Stelle von (1,15)

$$\psi_{ik}(\tilde{\Omega}_{ik}, \tilde{\Theta}_{ik}) = \Psi_{ik}(\tilde{\Omega}_{ik}, \tilde{\Theta}_{ik}) \tag{2,7}$$

setzen, gilt in einer gewissen Umgebung des Ursprungs $\tilde{O}_{ik}$ der $\tilde{\Omega}_{ik}\tilde{\Theta}_{ik}$-Ebene die asymptotische Beziehung

$$\Psi_{ik}(\tilde{\Omega}_{ik}, \tilde{\Theta}_{ik}) \approx R w_0^{3/2} \frac{\cos \tilde{\Theta}_{ik}}{\tilde{\Omega}_{ik}}. \tag{2,8}$$

Um der Forderung 1) zu entsprechen, muß dann die Ausgangsnäherung $\bar{\psi}(\tilde{\Omega}, \tilde{\Theta})$ in einer hinreichend kleinen Umgebung des Ursprungs $\tilde{O}$ der $\tilde{\Omega}\tilde{\Theta}$-Ebene die asymptotische Gestalt

$$\bar{\psi}(\tilde{\Omega}, \tilde{\Theta}) \approx C \frac{\cos \tilde{\Theta}}{\tilde{\Omega}} \tag{2,9}$$

aufweisen, in der C eine von w_0 abhängige Konstante bedeutet. Für die kompressible Strömung um den Kreiszylinder, die in den folgenden Abschnitten berechnet werden soll, wählen wir als Ausgangsnäherung

$$\bar{\psi}(\tilde{\Omega}, \tilde{\Theta}) = \bar{c}(w_0) \left\{ - \frac{J_{-1/2}\left(\frac{k}{\sqrt{2}}\tilde{\Omega}^2\right)}{J_{-1/2}\left(\frac{k}{\sqrt{2}}\right)} + \frac{J_{1/2}\left(\frac{k}{\sqrt{2}}\tilde{\Omega}^2\right)}{J_{1/2}\left(\frac{k}{\sqrt{2}}\right)} \right\} \cos \tilde{\Theta}. \tag{2,10}$$

Wegen (vgl. [3] S. 27)

$$(2{,}11)\qquad J_{-1/2}(z) = \sqrt{\frac{2}{\pi}}\,\frac{\cos z}{\sqrt{z}}, \quad J_{1/2}(z) = \sqrt{\frac{2}{\pi}}\,\frac{\sin z}{\sqrt{z}}$$

gilt für hinreichend kleine $\bar{\Omega}$

$$(2{,}12)\qquad \bar{\psi}(\bar{\Omega},\bar{\Theta}) \approx \bar{c}(w_0)\left\{-\frac{1}{\bar{\Omega}}\,\frac{1}{\cos\frac{k}{\sqrt{2}}} + \bar{\Omega}\,\frac{\frac{k}{\sqrt{2}}}{\sin\frac{k}{\sqrt{2}}}\right\}\cos\bar{\Theta},$$

d. h. eine Beziehung der Gestalt (2,9) mit $C = -\bar{c}(w_0)\,\dfrac{1}{\cos\frac{k}{\sqrt{2}}}$.

Nunmehr zeigen wir, daß die Gültigkeit der asymptotischen Beziehung (2,9) in einer kleinen Umgebung von $\bar{O}$ hinreichend dafür ist, daß $\bar{O}$ mit Hilfe der Abbildungsgleichungen (1,31) auf den unendlich fernen Punkt der Strömungsebene abgebildet wird.

Aus (2,9) folgt zunächst für hinreichend kleine $\bar{\Omega}$

$$(2{,}13)\qquad \frac{\partial}{\partial\bar{\Omega}}\left(\frac{\psi}{\sqrt{K}}\right) \approx -\frac{C}{\sqrt{K_0}}\,\frac{\cos\bar{\Theta}}{\bar{\Omega}^2}, \quad \frac{\partial}{\partial\bar{\Theta}}\left(\frac{\psi}{\sqrt{K}}\right) \approx -\frac{C}{\sqrt{K_0}}\,\frac{\sin\bar{\Theta}}{\bar{\Omega}}.$$

Dabei bedeutet K_0 den Wert von $K(\bar{\Omega},\bar{\Theta})$ im Ursprung $\bar{O}$ der $\bar{\Omega}\bar{\Theta}$-Ebene, mithin nach (1,11) und (1,20)

$$(2{,}14)\qquad K_0 = \sqrt{1 - q_0} < 1.$$

Durch Einführung von (2,13) in die Abbildungsgleichung (1,31) erhält man

$$(2{,}15)\qquad \begin{aligned} dx &\approx \frac{C\sqrt{K_0}}{w_0}\left\{\frac{\sin\bar{\Theta}}{\bar{\Omega}^2}\,d\bar{\Omega} - \frac{\cos\bar{\Theta}}{\bar{\Omega}}\,d\bar{\Theta}\right\} \\ dy &\approx -\frac{C}{w_0\sqrt{K_0}}\left\{\frac{\cos\bar{\Theta}}{\bar{\Omega}^2}\,d\bar{\Omega} + \frac{\sin\bar{\Theta}}{\bar{\Omega}}\,d\bar{\Theta}\right\}. \end{aligned}$$

In der $\bar{\Omega}\bar{\Theta}$-Ebene nehmen wir in einer hinreichend kleinen Umgebung von $\bar{O}$ einen festen Punkt $\Pi_1(\bar{\Omega}_1,\bar{\Theta}_1)$ an, der von $\bar{O}$ verschieden sei, ferner einen variablen Punkt $\Pi(\bar{\Omega},\bar{\Theta})$ sowie den Punkt

$\Pi_2(\tilde{\Omega}_1, \tilde{\Theta})$ (vgl. Abb. 1). Nach Festlegung der Integrationskonstanten in der Abbildungsgleichung (2,15) mögen den Punkten Π_1, Π_2, Π in der Strömungsebene die Punkte $P_1(x_1, y_1)$, $P_2(x_2, y_2)$, $P(x, y)$ entsprechen. Dann liefert die Dreiecksungleichung

$$\overline{P_1P} \geqq \overline{P_2P} - \overline{P_1P_2}. \tag{2,16}$$

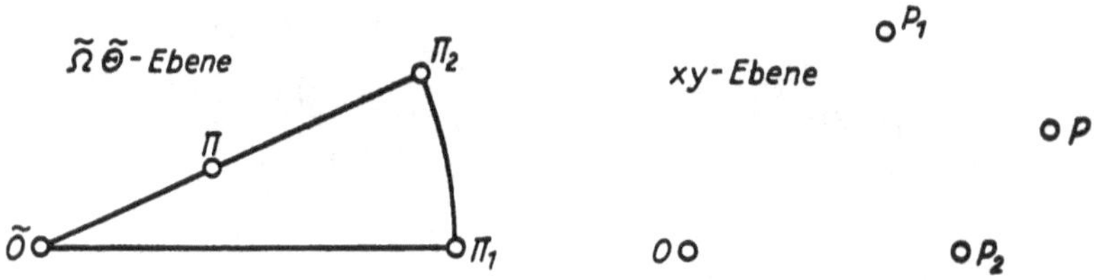

Abb. 1. Abbildung der Umgebung des Ursprungs der $\tilde{\Omega}\tilde{\Theta}$-Ebene auf die xy-Ebene

Ferner ergibt sich aus (2,15) durch Integration zwischen P_2 und P, wenn Π und Π_1 hinreichend nahe an $\tilde{O}$ liegen

$$x - x_2 \approx \frac{C\sqrt{K_0}}{w_0} \sin\tilde{\Theta} \int\limits_{\tilde{\Omega}_2}^{\tilde{\Omega}} \frac{d\tilde{\Omega}}{\tilde{\Omega}^2} = \frac{C\sqrt{K_0}}{w_0} \sin\tilde{\Theta} \left(\frac{1}{\tilde{\Omega}_2} - \frac{1}{\tilde{\Omega}}\right)$$

$$y - y_2 \approx - \frac{C}{w_0\sqrt{K_0}} \cos\tilde{\Theta} \int\limits_{\tilde{\Omega}_2}^{\tilde{\Omega}} \frac{d\tilde{\Omega}}{\tilde{\Omega}^2} = \frac{C}{w_0\sqrt{K_0}} \cos\tilde{\Theta} \left(\frac{1}{\tilde{\Omega}} - \frac{1}{\tilde{\Omega}_2}\right)$$

mithin

$$\overline{P_2P}^2 \approx \frac{C^2K_0}{w_0^2} \sin^2\tilde{\Theta} \left(\frac{1}{\tilde{\Omega}} - \frac{1}{\tilde{\Omega}_2}\right)^2 + \frac{C^2}{w_0^2K_0} \cos^2\tilde{\Theta} \left(\frac{1}{\tilde{\Omega}} - \frac{1}{\tilde{\Omega}_2}\right)^2$$

(2,17)

$$\overline{P_2P}^2 \geqq \frac{C^2K_0}{w_0^2} \left(\frac{1}{\tilde{\Omega}} - \frac{1}{\tilde{\Omega}_2}\right)^2 = \frac{C^2K_0}{w_0^2} \left(\frac{1}{\tilde{\Omega}} - \frac{1}{\tilde{\Omega}_1}\right)^2.$$

Ganz analog ergibt sich aus (2,15) durch Integration zwischen P_1 und P_2

$$x_2 - x_1 \approx - \frac{C\sqrt{K_0}}{w_0\tilde{\Omega}_1} \int\limits_{\tilde{\Theta}_1}^{\tilde{\Theta}} \cos\tilde{\Theta}\, d\tilde{\Theta} = - \frac{C\sqrt{K_0}}{w_0\tilde{\Omega}_1} (\sin\tilde{\Theta} - \sin\tilde{\Theta}_1)$$

$$y_2 - y_1 \approx -\frac{C}{w_0 \sqrt{K_0}\,\bar{\Omega}_1}\int\limits_{\bar{\Theta}_1}^{\bar{\Theta}} \sin\bar{\Theta}\,d\bar{\Theta} = \frac{C}{w_0 \sqrt{K_0}\,\bar{\Omega}_1}(\cos\bar{\Theta} - \cos\bar{\Theta}_1),$$

mithin

$$\overline{P_1 P_2}^2 \approx \frac{C^2 K_0}{w_0^2 \bar{\Omega}_1^2}(\sin\bar{\Theta} - \sin\bar{\Theta}_1)^2 + \frac{C^2}{w_0^2 K_0 \bar{\Omega}_1^2}(\cos\bar{\Theta} - \cos\bar{\Theta}_1)^2,$$

$$(2{,}18)\qquad \overline{P_1 P_2}^2 \leqq \frac{C^2}{w_0^2 K_0 \bar{\Omega}_1^2}\{(\sin\bar{\Theta} - \sin\bar{\Theta}_1)^2 + (\cos\bar{\Theta} - \cos\bar{\Theta}_1)^2\},$$

$$\overline{P_1 P_2}^2 \leqq \frac{4C^2}{w_0^2 K_0 \bar{\Omega}_1^2}\sin^2\left(\frac{\bar{\Theta} - \bar{\Theta}_1}{2}\right) \leqq \frac{4C^2}{w_0^2 K_0 \bar{\Omega}_1^2}.$$

Aus (2,16) erhält man schließlich bei Beachtung von (2,17) und (2,18) für $\bar{\Omega} < \bar{\Omega}_1$

$$(2{,}19)\qquad \overline{P_1 P} \geqq \frac{|C|\,K_0}{w_0}\left(\frac{1}{\bar{\Omega}} - \frac{1}{\bar{\Omega}_1}\right) - \frac{2\,|C|}{w_0 K_0 \bar{\Omega}_1},$$

d. h.

$$\overline{P_1 P} \to \infty \quad \text{für} \quad \bar{\Omega} \to 0.$$

Dem Punkt $\bar{O}$ entspricht also in der Strömungsebene der unendlich ferne Punkt. Da dem Punkt $\bar{O}$ in der $\omega\vartheta$-Ebene der Punkt $\omega = 1$, $\vartheta = 0$, d. h. $w = w_0$, $\vartheta = 0$ entspricht, bedeutet dies, daß die Ausgangsnäherung $\bar{\psi}(\bar{\Omega}, \bar{\Theta})$ bei Rückübertragung in die xy-Ebene eine kompressible Strömung liefert, die im Unendlichen in die vorgeschriebene Parallelströmung übergeht.

Wie die erste der Gleichungen (1,6) zeigt, entspricht einem Staupunkt $w = 0$ in der $\omega\vartheta$-Ebene der Ursprung $\omega = 0$. Die mit Hilfe von (2,10) durch

$$(2{,}20)\qquad \bar{\psi} = 0$$

festgelegte Bildkurve $\bar{S}_{III}$ der Profilkontur $\dddot{S}_I$ hat in der $\bar{\Omega}\bar{\Theta}$-Ebene die Gleichung

$$(2{,}21)\qquad \bar{\Omega} = 1,$$

mithin hat die ihr entsprechende Kurve $\bar{S}_{II}$ in der $\omega\vartheta$-Ebene die Gleichung

$$(2{,}22)\qquad \omega = 2\cos\vartheta.$$

Für die beiden Staupunktsbilder ist daher $\vartheta = \frac{\pi}{2}$ bzw. $\vartheta = -\frac{\pi}{2}$. Aus (2,22) folgt unmittelbar

$$\omega(-\vartheta) = \omega(\vartheta). \tag{2,23}$$

Da aus der ersten Gleichung (1,6) hervorgeht, daß $\omega(w)$ eine monoton wachsende stetige Funktion von w darstellt, gilt dasselbe auch von ihrer Umkehrfunktion $w = w(\omega)$, mithin folgt aus (2,23)

$$w(-\vartheta) = w(\vartheta). \tag{2,24}$$

Wie man der Gleichung (1,11) bei Beachtung von (2,21) und (2,22) entnimmt, gelten für die Abbildung von $\bar{S}_{II}$ auf $\bar{S}_{III}$ die Beziehungen

$$\sin 2\vartheta = \sin 2\bar{\Theta} \qquad \cos 2\vartheta = \cos 2\bar{\Theta}. \tag{2,25}$$

Betrachten wir zunächst den rechten Halbkreis von $\bar{S}_{III}$

$$\bar{\Omega} = 1 \qquad -\frac{\pi}{2} \leqq \bar{\Theta} \leqq \frac{\pi}{2} \tag{2,26}$$

und beschränken ϑ auf das Intervall $-\frac{\pi}{2} \leqq \vartheta \leqq \frac{\pi}{2}$, so haben die Gleichungen (2,25) die Lösung

$$\bar{\Theta} = \vartheta. \tag{2,27}$$

Dem rechten Halbkreis von $\bar{S}_{III}$ entspricht dann die im oberen Blatt der RIEMANNschen Fläche in der $\omega\vartheta$-Ebene verlaufende Kreislinie (2,22). Auf diesem Halbkreis gilt dann

$$\bar{\Re}(1, \bar{\Theta}) = \frac{1}{2}\,[\bar{\psi}_\Omega]\,\sqrt{\bar{K}(1, \bar{\Theta})}\,\frac{\omega^2}{w}\,\frac{1}{1 + \cos 2\bar{\Theta}} \tag{2,28}$$

mit

$$[\bar{\psi}_\Omega] = \bar{c}\,\frac{2k\sqrt{2}}{\sin(k\sqrt{2})}\,\cos\bar{\Theta}. \tag{2,29}$$

Ferner ist in (2,28) wegen (1,13), (1,20) und (2,22)

$$\bar{K}(1, \bar{\Theta}) = \sqrt{1 - q_0}\left\{\frac{J_0\left(2\,\frac{k}{\sqrt{2}}\cos\vartheta\right)}{J_0\left(\frac{k}{\sqrt{2}}\right)}\right\}^2 \tag{2,30}$$

zu setzen. Durch eine kurze Rechnung ergibt sich bei Beachtung von (2,24) und (2,26)

$$\begin{aligned}\bar{\mathfrak{R}}(\vartheta) &= \bar{\mathfrak{R}}(1,\bar{\Theta}) = \bar{c}\,\frac{2k\sqrt{2}}{\sin(k\sqrt{2})}\,\frac{\sqrt{K(1,\bar{\Theta})}}{w}\cos\bar{\Theta}\\ &= \bar{c}\,\frac{2k\sqrt{2}}{\sin(k\sqrt{2})}\,\frac{\sqrt{1-q_0^{\,1/2}}}{w(\vartheta)}\,\frac{J_0\left(2\frac{k}{\sqrt{2}}\cos\vartheta\right)}{J_0\left(\frac{k}{\sqrt{2}}\right)}\cos\vartheta,\end{aligned} \tag{2,31}$$

mithin wegen (2,24)

$$\bar{\mathfrak{R}}(-\vartheta) = \bar{\mathfrak{R}}(\vartheta). \tag{2,32}$$

Gemäß (1,5) hat dann der dem rechten Halbkreis von $\bar{S}_{III}$ entsprechende Bogen von $\bar{S}_I$ die Parameterdarstellung

$$\bar{x}(\vartheta) = \bar{x}_0 + \int_0^{\vartheta}\bar{\mathfrak{R}}(\vartheta)\cos\vartheta\,d\vartheta, \quad \bar{y}(\vartheta) = \bar{y}_0 + \int_0^{\vartheta}\bar{\mathfrak{R}}(\vartheta)\sin\vartheta\,d\vartheta. \tag{2,33}$$

Insbesondere erhält man hieraus für die beiden Staupunkte $\vartheta = \frac{\pi}{2}$ bzw. $\vartheta = -\frac{\pi}{2}$ auf Grund der Symmetrieeigenschaft (2,32) die Beziehungen

$$\bar{x}\left(\frac{\pi}{2}\right) + \bar{x}\left(-\frac{\pi}{2}\right) = 2\bar{x}_0, \quad \bar{y}\left(\frac{\pi}{2}\right) - \bar{y}\left(-\frac{\pi}{2}\right) = 0.$$

Wählt man nunmehr

$$\bar{x}_0 = 0 \quad \bar{y}_0 = -\int_0^{\frac{\pi}{2}}\bar{\mathfrak{R}}(\vartheta)\sin\vartheta\,d\vartheta, \tag{2,34}$$

so liegen die beiden Staupunkte auf der x-Achse symmetrisch zur y-Achse und haben den Abstand

$$d = 2\left|\int_0^{\frac{\pi}{2}}\bar{\mathfrak{R}}(\vartheta)\cos\vartheta\,d\vartheta\right|. \tag{2,35}$$

Dabei ist noch zu beachten, daß der betrachtete Bogen von $\bar{\bar{S}}_{\mathrm{I}}$ durch die Strömungsrichtung orientiert ist, so daß $\bar{\bar{\Re}}(\vartheta) < 0$ ausfällt.

Für den vorderen Staupunkt $\bar{\bar{x}} = -\frac{d}{2}$, $\bar{\bar{y}} = 0$ ist $\vartheta = \frac{\pi}{2}$. Aus (2,33) ergibt sich damit unter Beachtung von (2,31)

$$\frac{1}{\bar{c}} = -\frac{4k\sqrt{2}}{d\sin(k\sqrt{2})}\int_0^{\frac{\pi}{2}} \frac{\sqrt{K(1,\bar{\Theta})}}{w(\vartheta)} \cos^2\vartheta \, d\vartheta$$

(2,36)

$$= -\frac{4k\sqrt{2}}{d\sin(k\sqrt{2})}\sqrt{1-q_0}^{1/2}\int_0^{\frac{\pi}{2}} \frac{J_0\left(2\frac{k}{\sqrt{2}}\cos\vartheta\right)}{J_0\left(\frac{k}{\sqrt{2}}\right)} \frac{\cos^2\vartheta}{w(\vartheta)}\, d\vartheta.$$

Gehen wir jetzt zum linken Halbkreis von $\bar{\bar{S}}_{\mathrm{III}}$

(2,37) $$\bar{\Omega} = 1 \qquad \frac{\pi}{2} \leqq \bar{\Theta} \leqq 3\,\frac{\pi}{2}$$

über und beschränken ϑ wieder auf das Intervall $-\frac{\pi}{2} \leqq \vartheta \leqq \frac{\pi}{2}$, so haben die Gleichungen (2,25) die Lösung

(2,38) $$\bar{\Theta} = \vartheta + \pi.$$

Dem linken Halbkreis von $\bar{\bar{S}}_{\mathrm{III}}$ entspricht dann die im unteren Blatt der RIEMANNschen Fläche in der $\omega\vartheta$-Ebene verlaufende Kreislinie (2,22). Analog wie vorher läßt sich die Symmetriebedingung (2,32) nachweisen, und es ergeben sich dieselben Formeln (2,33) für die Parameterdarstellung desjenigen Bogens in der Strömungsebene, der dem linken Halbkreis von $\bar{\bar{S}}_{\mathrm{III}}$ entspricht. Wegen $\bar{\bar{\Re}}(\vartheta) > 0$ verläuft dieser Bogen symmetrisch zum vorher bestimmten Bogen in bezug auf die x-Achse. Statt das Zirkulationsintegral

(2,39) $$\Gamma = \oint d\Phi$$

längs der Profilkontur $\bar{\bar{S}}_{\mathrm{I}}$ zu berechnen, kann man als Integrationsweg wegen der Wirbelfreiheit auch eine einfache geschlossene Kurve in der Umgebung des unendlich fernen Punktes der Strömungsebene wählen, die $\bar{S}_{\mathrm{I}}$ umschließt. Einer Umgebung des unendlich fernen Punktes der xy-Ebene entspricht in der $\bar{\Omega}\bar{\Theta}$-Ebene eine gewisse Umgebung des Ursprungs $\bar{O}$. Dort ergeben sich aus (1,12) die asymptotischen Beziehungen

$$\bar{\Phi}_{\bar{\Omega}} \approx -\frac{K_0}{\bar{\Omega}}\bar{\Psi}_{\bar{\Theta}} \quad \bar{\Phi}_{\bar{\Theta}} \approx K_0\bar{\Omega}\bar{\Psi}_{\bar{\Omega}}\,; \tag{2,40}$$

mithin ist

$$\bar{\Phi} + iK_0\bar{\Psi}$$

in der Umgebung von $\bar{O}$ eine analytische Funktion von $\bar{z} = \bar{\Omega}e^{i\bar{\Theta}}$. Aus (2,10) folgt bei Beachtung von (1,26) die asymptotische Darstellung

$$\bar{\Psi} = \frac{1}{\sqrt{K_0}}\bar{\psi} \approx \frac{c}{\sqrt{K_0}}\left\{-\frac{1}{\bar{\Omega}}\,\frac{1}{\cos\frac{k}{\sqrt{2}}} + \bar{\Omega}\,\frac{\frac{k}{\sqrt{2}}}{\sin\frac{k}{\sqrt{2}}}\right\}\cos\bar{\Theta}\,, \tag{2,41}$$

mithin

$$\bar{\Phi} \approx \frac{c}{\sqrt{K_0}}\left\{-\frac{1}{\bar{\Omega}}\,\frac{1}{\cos\frac{k}{\sqrt{2}}} + \bar{\Omega}\,\frac{\frac{k}{\sqrt{2}}}{\sin\frac{k}{\sqrt{2}}}\right\}\sin\bar{\Theta} + \text{const.} \tag{2,42}$$

Hieraus folgt unmittelbar

$$\Gamma = 0. \tag{2,43}$$

Damit haben wir gezeigt, daß die durch (2,10) erklärte Ausgangsnäherung $\bar{\psi}$ den eingangs erhobenen Forderungen 1) bis 3) entspricht.

3. Linearisierung des direkten Problems

Nunmehr wenden wir uns dem am Ende von Abschnitt 1 in der $\bar{\Omega}\bar{\Theta}$-Ebene formulierten Randwertproblem zu. Die dort gesuchte zulässige Kurve S_{III} setzen wir in der Form

$$\bar{\Omega} = 1 - \varepsilon(\bar{\Theta}) \tag{3.1}$$

an, wobei $\varepsilon(\bar{\Theta})$ den aus (1,47) folgenden Symmetriebedingungen

$$(3,2) \qquad \varepsilon(\bar{\Theta}) = \varepsilon(\bar{\Theta} + \pi) \qquad \varepsilon\left(\frac{\pi}{2} - \bar{\Theta}\right) = \varepsilon\left(\frac{\pi}{2} + \bar{\Theta}\right)$$

zu genügen hat. Die in Abschnitt 2 gewählte Ausgangsnäherung $\bar{\psi}(\bar{\Omega}, \bar{\Theta})$ liefert uns dann als Kurve $\bar{\bar{S}}_{III}$ den Einheitskreis in der $\bar{\Omega}\bar{\Theta}$-Ebene, wie sich aus $\bar{\psi}(\bar{\Omega}, \bar{\Theta}) = 0$ ergibt. Wenn wir noch voraussetzen, daß S_{III} in hinreichender Nachbarschaft von $\bar{S}_{III}$ ver-

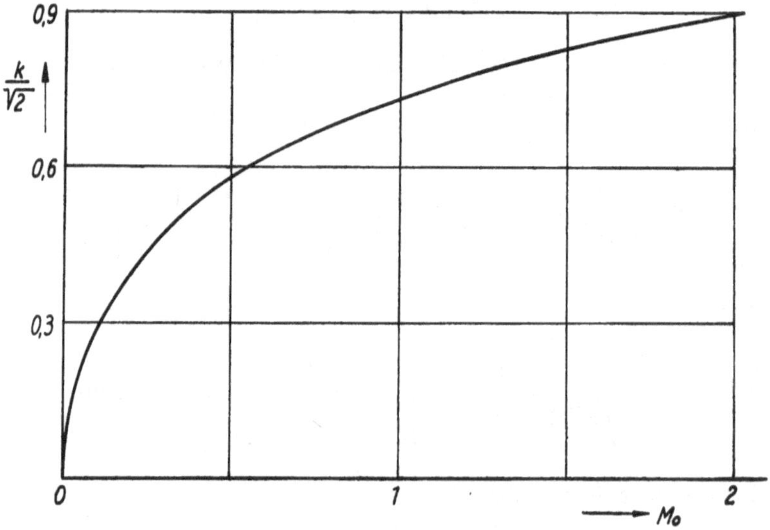

Abb. 2. Verlauf der Funktion $\frac{k}{\sqrt{2}}\,(M_0)$

läuft, so dürfen wir in (3,1) die Funktion $\varepsilon(\bar{\Theta})$ als klein gegen 1 betrachten, d. h. ε^2, ε^3, ... in den folgenden Formeln vernachlässigen. Für die Korrekturfunktion χ machen wir den Ansatz

$$(3,3) \qquad \chi(\bar{\Omega}, \bar{\Theta}) = 2\bar{c} \sum_{\sigma=1}^{n} G_\sigma \frac{J_{\sigma-1/2}\left(\frac{k}{\sqrt{2}}\,\bar{\Omega}^2\right)}{J_{\sigma-1/2}\left(\frac{k}{\sqrt{2}}\right)} \cos(2\sigma - 1)\,\bar{\Theta},$$

der zunächst der Differentialgleichung (1,43) genügt und bezüglich $\bar{\Theta}$ dieselben Symmetriebedingungen wie $\bar{\psi}(\bar{\Omega}, \bar{\Theta})$ aufweist. Die in

(3,3) vorkommenden Konstanten G_σ bestimmen wir dadurch, daß wir die beiden Randbedingungen (1,48) und (1,50) nur an den $n+1$ Stellen $\bar{\Theta}_\nu = \nu \frac{\pi}{2n}$ $(\nu = 0,1, \ldots, n)$ fordern.

Wie man aus (2,10) und (3,3) erkennt, ist die Randbedingung (1,48) an der Stelle $\bar{\Theta} = 0$ von selbst erfüllt. Wie sich ferner durch asymptotische Untersuchungen der in der Randbedingung (1,50) vorkommenden Funktionen $[\chi_{\bar{\Omega}}]$, $[\bar{\psi}_{\bar{\Omega}}]$ und $h(\bar{\Omega},\bar{\Theta})$ für $\bar{\Theta}_n = \frac{\pi}{2}$ zeigen läßt (vgl. [1] S. 23, 24), ist diese an der Stelle $\bar{\Theta}_n = \frac{\pi}{2}$ von selbst erfüllt.
Setzen wir

$$\varepsilon_\nu = \varepsilon(\bar{\Theta}_\nu), \tag{3,4}$$

so erhalten wir daher aus beiden Randbedingungen genau $2n$-Gleichungen für die Unbekannten $\varepsilon_0, \varepsilon_1, \ldots, \varepsilon_{n-1}, G_1, G_2, \ldots, G_n$, wenn (1,48) nur an den Stellen $\bar{\Theta}_1, \bar{\Theta}_2, \ldots, \bar{\Theta}_n$ und (1,50) an den Stellen $\bar{\Theta}_0, \bar{\Theta}_1, \ldots, \bar{\Theta}_{n-1}$ gefordert wird. Bemerkt sei noch, daß $\varepsilon_n = \varepsilon\left(\frac{\pi}{2}\right) = 0$ ist; denn aus (1,11) folgt, daß dem Staupunktbild $\omega = 0$ in der $\omega\vartheta$-Ebene der Punkt $\bar{\Omega} = 1$, $\bar{\Theta} = \frac{\pi}{2}$ in der $\bar{\Omega}\bar{\Theta}$-Ebene entspricht. Aus (3,3) ergeben sich die Ableitungen von $\chi(\bar{\Omega},\bar{\Theta})$ zunächst in der Form

$$\begin{aligned}
\chi_{\bar{\Omega}}(\bar{\Omega},\bar{\Theta}) &= 2\bar{c}\sum_{\sigma=1}^{n} G_\sigma \left\{\frac{2\sigma-1}{\bar{\Omega}} \frac{J_{\sigma-1/2}\left(\frac{k}{\sqrt{2}}\bar{\Omega}^2\right)}{J_{\sigma-1/2}\left(\frac{k}{\sqrt{2}}\right)} - \right. \\
&\quad \left. - 2\frac{k}{\sqrt{2}}\bar{\Omega}\frac{J_{\sigma+1/2}\left(\frac{k}{\sqrt{2}}\bar{\Omega}^2\right)}{J_{\sigma-1/2}\left(\frac{k}{\sqrt{2}}\right)}\right\}\cos(2\sigma-1)\bar{\Theta} \\
\chi_{\bar{\Theta}}(\bar{\Omega},\bar{\Theta}) &= -2\bar{c}\sum_{\sigma=1}^{n}(2\sigma-1)G_\sigma \frac{J_{\sigma-1/2}\left(\frac{k}{\sqrt{2}}\bar{\Omega}^2\right)}{J_{\sigma-1/2}\left(\frac{k}{\sqrt{2}}\right)}\sin(2\sigma-1)\bar{\Theta}.
\end{aligned} \tag{3,5}$$

Beachten wir noch, daß für die Strömung um den Kreiszylinder der Parameter k nach Gleichung (1,19) bei Anström-MACH-Zahlen bis etwa $M_0 \approx 0{,}4$ (vgl. Abb. 2) die Bedingung $k \ll 1$ erfüllt, so erhält man aus bekannten asymptotischen Formeln[1]) für die BESSEL-Funktionen $J_{\sigma-1/2}(z)$ die Beziehung

$$(3{,}6)\qquad \frac{J_{\sigma-1/2}\left(\frac{k}{\sqrt{2}}\bar{\Omega}^2\right)}{J_{\sigma-1/2}\left(\frac{k}{\sqrt{2}}\right)} \approx \bar{\Omega}^{2\sigma-1} \quad \text{für} \quad \left|\frac{k}{\sqrt{2}}\bar{\Omega}^2\right| \to 0.$$

Aus (3,1) folgt mit (3,4)

$$(3{,}7)\qquad \bar{\Omega}_\nu^{2\sigma-1} = (1-\varepsilon_\nu)^{2\sigma-1} \approx 1-(2\sigma-1)\,\varepsilon_\nu,$$

mithin aus (3,5) und (3,6)

$$(3{,}8)\qquad \begin{aligned} [\chi_\Omega(\bar{\Omega}_\nu,\bar{\Theta}_\nu)] &\approx 2\bar{c}\sum_{\sigma=1}^{n}(2\sigma-1)\,G_\sigma\{1-(2\sigma-2)\,\varepsilon_\nu\}\cos(2\sigma-1)\,\bar{\Theta}_\nu \\ [\chi_\Theta(\bar{\Omega}_\nu,\bar{\Theta}_\nu)] &\approx -2\bar{c}\sum_{\sigma=1}^{n}(2\sigma-1)\,G_\sigma\{1-(2\sigma-1)\,\varepsilon_\nu\}\sin(2\sigma-1)\,\bar{\Theta}_\nu. \end{aligned}$$

Ebenso erhält man für die durch (2,10) erklärte Ausgangsnäherung $\bar{\psi}(\bar{\Omega},\bar{\Theta})$ die Beziehungen

$$(3{,}9)\qquad \begin{aligned} [\bar{\psi}_\Omega(\bar{\Omega}_\nu,\bar{\Theta}_\nu)] &\approx 2\bar{c}\,(1+\varepsilon_\nu)\cos\bar{\Theta}_\nu \\ [\bar{\psi}_\Theta(\bar{\Omega}_\nu,\bar{\Theta}_\nu)] &\approx 2\bar{c}\,\varepsilon_\nu\sin\bar{\Theta}_\nu. \end{aligned}$$

Die aus (3,1) gebildete Ableitung

$$(3{,}10)\qquad \frac{d\bar{\Omega}}{d\bar{\Theta}} = -\,\varepsilon'(\bar{\Theta})$$

ist überall stetig und hat wegen (3,2) bei $\bar{\Theta}_0 = 0$ und $\bar{\Theta}_n = \frac{\pi}{2}$ die Werte

$$(3{,}11)\qquad \varepsilon'(\bar{\Theta}_0) = 0 \quad \text{und} \quad \varepsilon'(\bar{\Theta}_n) = 0.$$

---

[1]) Es gilt

$$J_{\sigma-1/2}(z) \approx \frac{z^{\sigma-1/2}}{\left(\sigma-\frac{1}{2}\right)!\;2^{\sigma-1/2}} \quad \text{für} \quad |z| \to 0.$$

An den übrigen Stellen $\tilde{\Theta}_\nu$ ersetzen wir zur Vereinfachung der Rechnung die Funktionswerte $\varepsilon'(\tilde{\Theta}_\nu)$ durch die Differenzenquotienten[1])

$$(3,12) \qquad \varepsilon'(\tilde{\Theta}_\nu) = \frac{\varepsilon_\nu - \varepsilon_{\nu-1}}{\tilde{\Theta}_\nu - \tilde{\Theta}_{\nu-1}}.$$

Führt man in den Ausdruck (2,10) für die Ausgangsnäherung $\bar{\psi}(\tilde{\Omega}, \tilde{\Theta})$ die Beziehungen (3,1) und (3,6) ein, so erhält man

$$(3,13) \qquad [\bar{\psi}] \approx -2\bar{c}\,\varepsilon(\tilde{\Theta}) \cos\tilde{\Theta}.$$

Mit Hilfe derselben Beziehung folgt aus (3,3)

$$(3,14) \qquad [\chi] \approx 2\bar{c} \sum_{\sigma=1}^{n} G_\sigma \{1 - (2\sigma - 1)\,\varepsilon(\tilde{\Theta})\} \cos(2\sigma - 1)\,\tilde{\Theta}.$$

Wegen (1,44) müssen dann die Konstanten G_σ ebenfalls die Größenordnung von ε besitzen. Zur Bestimmung der G_σ setzen wir die Ausdrücke (3,8), (3,9) und (3,10) in die mit (1,44) gleichwertige Randbedingung (1,48) ein und fordern diese an den oben erwähnten Stellen $\tilde{\Theta}_\nu$. Berücksichtigen wir anschließend (3,12) und linearisieren in bezug auf die ε_ν, so ergibt sich nach einer elementaren Rechnung für die Größen G_σ das Gleichungssystem

$$(3,15) \qquad \sum_{\sigma=1}^{n} g_{\nu\sigma} G_\sigma + f_\nu = 0 \quad (\nu = 1, 2, \ldots, n)$$

mit

$$(3,16) \qquad g_{\nu\sigma} = (2\sigma - 1)\sin(2\sigma - 1)\,\tilde{\Theta}_\nu$$

und

$$(3,17) \quad f_\nu = \begin{cases} -\dfrac{\varepsilon_\nu - \varepsilon_{\nu-1}}{\tilde{\Theta}_\nu - \tilde{\Theta}_{\nu-1}} \cos\tilde{\Theta}_\nu - \varepsilon_\nu \sin\tilde{\Theta}_\nu & \text{für} \quad \nu = 1, 2, \ldots, n-1 \\ 0 & \text{für} \quad \nu = n \end{cases}$$

In der Koeffizientendeterminante

$$\mathrm{D} = \mathrm{Det.}\,(g_{\nu\sigma}) = \prod_{\sigma=1}^{n} (2\sigma - 1) \cdot \mathrm{Det.}\,(\sin(2\sigma - 1)\,\tilde{\Theta}_\nu)$$

---

[1]) Wie sich am Beispiel des Kreiszylinders herausgestellt hat, verläuft die Kurve $\tilde{S}^*_{III}$ einschließlich ihrer Tangentenrichtung in so enger Nachbarschaft von $\tilde{S}_{III}$, daß der Ersatz von $\varepsilon'(\tilde{\Theta}_\nu)$ durch den einfachen Differenzenquotienten ausreicht. In anderen Fällen könnte man $\varepsilon'(\tilde{\Theta}_\nu)$ durch verbesserte Differenzenquotienten nach COLLATZ ersetzen.

des Systems (3,15) möge zum Element $g_{\nu\sigma}$ die Unterdeterminante $U_{\nu\sigma}$ gehören. Dann hat das System (3,15) im Falle $D \neq 0$ die Lösung

$$G_\sigma = \frac{1}{D} \sum_{\nu=1}^{n} (-1)^{\nu+\sigma+1} U_{\nu\sigma} f_\nu \tag{3,18}$$

$$= \frac{1}{D} \sum_{\nu=1}^{n-1} (-1)^{\nu+\sigma} \left(\frac{\varepsilon_\nu - \varepsilon_{\nu-1}}{\tilde{\Theta}_\nu - \tilde{\Theta}_{\nu-1}} \cos \tilde{\Theta}_\nu + \varepsilon_\nu \sin \tilde{\Theta}_\nu \right) U_{\nu\sigma}.$$

Jede der Größen G_σ ist also eine Linearkombination der ε_ν; wir schreiben daher kurz

$$G_\sigma(\varepsilon_0, \varepsilon_1, \ldots, \varepsilon_{n-1}) = \frac{1}{D} \sum_{\nu=0}^{n-1} \gamma_{\nu\sigma} \varepsilon_\nu \tag{3,19}$$

mit

$$\gamma_{\nu\sigma} = \begin{cases} (-1)^{\nu+\sigma} \left\{ \left(\dfrac{\cos \tilde{\Theta}_\nu}{\tilde{\Theta}_\nu - \tilde{\Theta}_{\nu-1}} + \sin \tilde{\Theta}_\nu \right) U_{\nu\sigma} + \dfrac{\cos \tilde{\Theta}_\nu}{\tilde{\Theta}_{\nu+1} - \tilde{\Theta}_\nu} U_{\nu+1;\sigma} \right\} & \text{für } \nu = 1, 2, \ldots, n-1 \\ (-1)^\sigma \dfrac{\cos \tilde{\Theta}_1}{\tilde{\Theta}_1 - \tilde{\Theta}_0} U_{1\sigma} & \text{für } \nu = 0. \end{cases} \tag{3,20}$$

Nunmehr führen wir die Ausdrücke (3,19) für die G_σ in (3,3) ein und erhalten

$$\chi(\tilde{\Omega}, \tilde{\Theta}) = \frac{2\bar{c}}{D} \sum_{\sigma=1}^{n} \sum_{\nu=1}^{n-1} \varepsilon_\nu \gamma_{\nu\sigma} \frac{J_{\sigma-1/2}\left(\dfrac{k}{\sqrt{2}} \tilde{\Omega}^2\right)}{J_{\sigma-1/2}\left(\dfrac{k}{\sqrt{2}}\right)} \cos(2\sigma - 1)\tilde{\Theta}. \tag{3,21}$$

Ganz analog ergibt sich aus (3,8)

$$[\chi_\Omega] \approx \frac{2\bar{c}}{D} \sum_{\sigma=1}^{n} \sum_{\nu=0}^{n-1} \varepsilon_\nu \gamma_{\nu\sigma} (2\sigma - 1) \cos(2\sigma - 1)\tilde{\Theta}. \tag{3,22}$$

Zur Bestimmung der ε_ν ziehen wir die zweite Randbedingung in der Form (1,50) heran, die wir ebenfalls in bezug auf die Größen ε_ν linearisieren wollen. Zu diesem Zweck ersetzen wir die Funktion $h(\tilde{\Omega}, \Theta)$ durch die asymptotische Darstellung

$$h(\tilde{\Omega}, \tilde{\Theta}_\nu) \approx h(1, \tilde{\Theta}_\nu) - \varepsilon_\nu h_\Omega(1, \tilde{\Theta}_\nu), \tag{3,23}$$

die bei festem $\tilde{\Theta}_\nu$ in der Umgebung von $\tilde{\Omega} = 1$ gilt. Die Ausdrücke $h(1, \tilde{\Theta}_\nu)$ und $h_\Omega(1, \tilde{\Theta}_\nu)$ sind dabei unter Berücksichtigung von (1,20) und (1,41) in dem Intervall $-\frac{\pi}{2} \leqq \bar{\Theta}_\nu \leqq \frac{\pi}{2}$, das der Oberseite des Profils S_{I} entspricht, gegeben durch

$$h(1, \bar{\Theta}_\nu) = -\frac{R}{4\sqrt{1-q_0}^{1/2}} \frac{J_0\left(\frac{k}{\sqrt{2}}\right)}{J_0\left(\frac{k}{\sqrt{2}} 2\cos\bar{\Theta}_\nu\right)} \frac{w(1, \bar{\Theta}_\nu)}{\cos^2\bar{\Theta}_\nu} \tag{3,24}$$

und

$$\begin{aligned} h_\Omega(1, \bar{\Theta}_\nu) = &-\frac{R}{4\sqrt{1-q_0}^{1/2}} \frac{J_0\left(\frac{k}{\sqrt{2}}\right)}{J_0\left(\frac{k}{\sqrt{2}} 2\cos\bar{\Theta}_\nu\right)} \frac{w(1, \bar{\Theta}_\nu)}{\cos^2\bar{\Theta}_\nu} \cdot \\ &\cdot \left\{\frac{1}{\sqrt{1-\frac{w^2}{a^2}(1, \bar{\Theta}_\nu)}} + \frac{J_1\left(\frac{k}{\sqrt{2}} 2\cos\bar{\Theta}_\nu\right)}{J_0\left(\frac{k}{\sqrt{2}} 2\cos\bar{\Theta}_\nu\right)} \frac{k}{\sqrt{2}} 2\cos\bar{\Theta}_\nu - 2\right\} \end{aligned} \tag{3,25}$$

mit $R = |\mathfrak{R}|$. Berücksichtigen wir noch (3,7) und (3,12), so erhält man weiter

$$\begin{aligned} &\frac{h(\bar{\Omega}, \bar{\Theta}_\nu)}{1 + \frac{1}{\bar{\Omega}^2}\left(\frac{d\bar{\Omega}}{d\Theta}\right)^2_{\Theta=\bar{\Theta}_\nu}} \left\{\bar{\Omega}(\bar{\Omega}^2 + \cos 2\bar{\Theta}_\nu) + \left(\frac{d\bar{\Omega}}{d\Theta}\right)_{\Theta=\bar{\Theta}_\nu} \sin 2\bar{\Theta}_\nu\right\} \\ &\approx h(1, \bar{\Theta}_\nu)\left\{1 + \cos 2\bar{\Theta}_\nu - \varepsilon_\nu(3 + \cos 2\bar{\Theta}_\nu) - \frac{\varepsilon_\nu - \varepsilon_{\nu-1}}{\bar{\Theta}_\nu - \bar{\Theta}_{\nu-1}} \sin 2\bar{\Theta}_\nu\right\} + \\ &\qquad + h_\Omega(1, \bar{\Theta}_\nu)\, \varepsilon_\nu\, (1 + \cos 2\bar{\Theta}_\nu), \end{aligned} \tag{3,26}$$

worin $h(1, \bar{\Theta}_\nu)$ und $h_\Omega(1, \bar{\Theta}_\nu)$ durch (3,24) bzw. (3,25) bestimmt sind. Führen wir (3,8), (3,9) und (3,26) in die Randbedingung (1,50) ein, so gewinnen wir für die ε_ν das Gleichungssystem

$$\begin{aligned} &h(1, \bar{\Theta}_\nu) \frac{\varepsilon_\nu - \varepsilon_{\nu-1}}{\bar{\Theta}_\nu - \bar{\Theta}_{\nu-1}} \sin 2\bar{\Theta}_\nu + \varepsilon_\nu(\{h(1, \bar{\Theta}_\nu) - h_\Omega(1, \bar{\Theta}_\nu)\}\{1 + \cos 2\bar{\Theta}_\nu\} + \\ &+ 2h(1, \bar{\Theta}_\nu) + \bar{c}\cos\bar{\Theta}_\nu) + \frac{\bar{c}}{D}\sum_{\mu=0}^{n-1}\sum_{\sigma=1}^{n} \varepsilon_\mu \gamma_{\mu\sigma}(2\sigma-1)\cos(2\sigma-1)\bar{\Theta}_\nu \\ &= h(1, \bar{\Theta}_\nu)(1 + \cos 2\bar{\Theta}_\nu) - \bar{c}\cos\bar{\Theta}_\nu \\ &\qquad (\nu = 0, 1, \ldots, n-1) \end{aligned} \tag{3,27}$$

und haben darin noch für $h(1,\tilde{\Theta}_\nu)$, $h_\Omega(1,\tilde{\Theta}_\nu)$ und $\gamma_{\nu\sigma}$ die Ausdrücke (3,24), (3,25) und (3,20) einzusetzen. Schließlich ergibt sich für die ε_ν nach elementarer Rechnung das Gleichungssystem

$$\sum_{\mu=0}^{n-1} E_{\nu\mu}\varepsilon_\mu = E_\nu \quad (\nu = 0, 1, \ldots, n-1) \tag{3,28}$$

mit

$$E_\nu = -\frac{Rw(1,\tilde{\Theta}_\nu)}{\sqrt{1-q_0}^{\,1/2}} \, \frac{J_0\left(\frac{k}{\sqrt{2}}\right)}{J_0\left(\frac{k}{\sqrt{2}}\,2\cos\tilde{\Theta}_\nu\right)} - 2\,c\cos\tilde{\Theta}_\nu \tag{3,29}$$

und

$$E_{\nu\mu} = \begin{cases} 2\,\frac{\bar{c}}{D}\sum\limits_{\sigma=0}^{n}\gamma_{\mu\sigma}(2\sigma-1)\cos(2\sigma-1)\tilde{\Theta}_\nu & \text{für } \mu \neq \begin{cases}\nu\\ \nu-1\end{cases} \\[2ex] 2\,\frac{\bar{c}}{D}\sum\limits_{\sigma=0}^{n}\gamma_{\mu\sigma}(2\sigma-1)\cos(2\sigma-1)\tilde{\Theta}_\nu + & \text{für } \mu = \nu \\ + \frac{Rw(1,\tilde{\Theta}_\nu)}{\sqrt{1-q_0}^{\,1/2}}\,\frac{J_0\left(\frac{k}{\sqrt{2}}\right)}{J_0\left(\frac{k}{\sqrt{2}}\,2\cos\tilde{\Theta}_\nu\right)} \cdot \left\{\frac{J_1\left(\frac{k}{\sqrt{2}}\,2\cos\tilde{\Theta}_\nu\right)}{J_0\left(\frac{k}{\sqrt{2}}\,2\cos\tilde{\Theta}_\nu\right)} \cdot \right. & \\ \cdot \frac{k}{\sqrt{2}}\,2\cos\tilde{\Theta}_\nu - 3 + \frac{1}{\sqrt{1-\frac{w^2}{a^2}(1,\tilde{\Theta}_\nu)}} - \frac{\operatorname{tg}\tilde{\Theta}_\nu}{\tilde{\Theta}_\nu - \tilde{\Theta}_{\nu-1}} - & \\ \left. - \frac{1}{\cos^2\tilde{\Theta}_\nu}\right\} & \\[2ex] 2\,\frac{\bar{c}}{D}\sum\limits_{\sigma=1}^{n}\gamma_{\mu\sigma}(2\sigma-1)\cos(2\sigma-1)\tilde{\Theta}_\nu + & \text{für } \mu = \nu - 1 \\ + \frac{Rw(1,\tilde{\Theta}_\nu)}{\sqrt{1-q_0}^{\,1/2}} \cdot \frac{J_0\left(\frac{k}{\sqrt{2}}\right)}{J_0\left(\frac{k}{\sqrt{2}}\,2\cos\tilde{\Theta}_\nu\right)} \cdot \frac{\operatorname{tg}\tilde{\Theta}_\nu}{\tilde{\Theta}_\nu - \tilde{\Theta}_{\nu-1}}\,. & \end{cases} \tag{3,30}$$

Dabei ist die Konstante $\bar{c}$ aus (2,36) zu entnehmen.

Als Lösung des linearisierten Randwertproblems ergibt sich dann eine Näherungslösung in der Gestalt

$$\psi^*(\tilde{\Omega}, \tilde{\Theta}) = \overline{\psi}(\tilde{\Omega}, \tilde{\Theta}) + \chi^*(\tilde{\Omega}, \tilde{\Theta}) \tag{3,31}$$

mit

$$\chi^*(\tilde{\Omega}, \tilde{\Theta}) = 2\,\bar{c} \sum_{\sigma=1}^{n} G_\sigma(\varepsilon_0, \varepsilon_1, \ldots, \varepsilon_{n-1}) \frac{J_{\sigma-1/2}\left(\frac{k}{\sqrt{2}}\,\tilde{\Omega}^2\right)}{J_{\sigma-1/2}\left(\frac{k}{\sqrt{2}}\right)} \cos(2\sigma - 1)\,\tilde{\Theta}$$

und aus der Kurvengleichung $\psi^*(\tilde{\Omega}, \tilde{\Theta}) = 0$ eine Näherungskurve S^*_{III} für die gesuchte Kurve S_{III}.

4. Numerische Berechnungen

Vorgegeben wurden als Profilkurve S_I in der xy-Ebene der Kreis mit dem Radius $R = 1$ m um den Ursprung, die Anström-MACH-Zahl $M_0 = 0{,}3$, und die zugehörige Schallgeschwindigkeit $a_0 = 337{,}755$ m/s. Wir wählen zunächst $n = 4$ und haben dementsprechend die Werte $\tilde{\Omega}_\nu = \tilde{\Omega}(\tilde{\Theta}_\nu)$ der gesuchten Kurve S_{III} an den Stellen

$$\tilde{\Theta}_0 = 0, \quad \tilde{\Theta}_1 = \frac{\pi}{8}, \quad \tilde{\Theta}_2 = \frac{\pi}{4}, \quad \tilde{\Theta}_3 = 3\,\frac{\pi}{8}, \quad \tilde{\Theta}_4 = \frac{\pi}{2}$$

berechnet.

Für die von M_0 abhängigen Größen $\frac{k}{\sqrt{2}}$ und $\bar{c}$ ergeben sich dann aus (1,22) bzw. (2,36) die Werte

$$\frac{k}{\sqrt{2}} = 0{,}1058 \qquad \bar{c} = -\,102{,}5.$$

Nach Ermittlung der Faktoren $\gamma_{\nu\sigma}/D$ in (3,20) (vgl. Tabelle 1) erhält man die in (3,29) und (3,30) definierten Koeffizienten E_ν und $E_{\nu\sigma}$ des Gleichungssystems (3,28), die wir in Tabelle 2 zusammengestellt haben. Die Auflösung des Systems (3,28) liefert die ε_ν, die ebenfalls in Tabelle 2 zu finden sind. Damit sind gemäß (3,1) an den Stellen $\tilde{\Theta}_\nu$ die zugehörigen Werte $\tilde{\Omega}^*_\nu$ der gesuchten Näherungskurve S^*_{III} bekannt. Mit Hilfe der Abbildungsgleichung (1,9) konnten die entsprechenden Punkte $\omega^*_\nu = \omega(\vartheta_\nu)$ von S^*_{II} in der $\omega\vartheta$-Ebene bestimmt werden. Jedem Wert ω^*_ν ist schließlich durch (1,5) ein

Wert w_ν^* zugeordnet, der aus Abb. 3 entnommen wurde. Die Ergebnisse sind in Tabelle 3 eingetragen.

Tabelle 1
Koeffizienten $\gamma_{\nu\sigma}/D$ der Linearkombinationen (3,19) für $n = 4$

ν	0	1	2	3	4
$\tilde{\Theta}_\nu$	0	$\frac{\pi}{8}$	$\frac{\pi}{4}$	$3\frac{\pi}{8}$	$\frac{\pi}{2}$
U_{ν_1}	0	113,651	−210,000	274,378	−148,492
U_{ν_2}	0	−91,459	70,000	37,884	− 49,497
U_{ν_3}	0	54,877	42,000	−22,730	− 29,698
U_{ν_4}	0	−16,236	− 30,000	−39,197	− 21,213
D			593,970		
γ_{ν_1}/D	−0,4502	− 0,1132	0,4365	0,8769	
γ_{ν_2}/D	−0,3623	0,2090	−0,3577	−0,1211	
γ_{ν_3}/D	−0,2174	0,3800	−0,1400	−0,0727	
γ_{ν_4}/D	−0,0643	0,1657	−0,1910	0,1253	

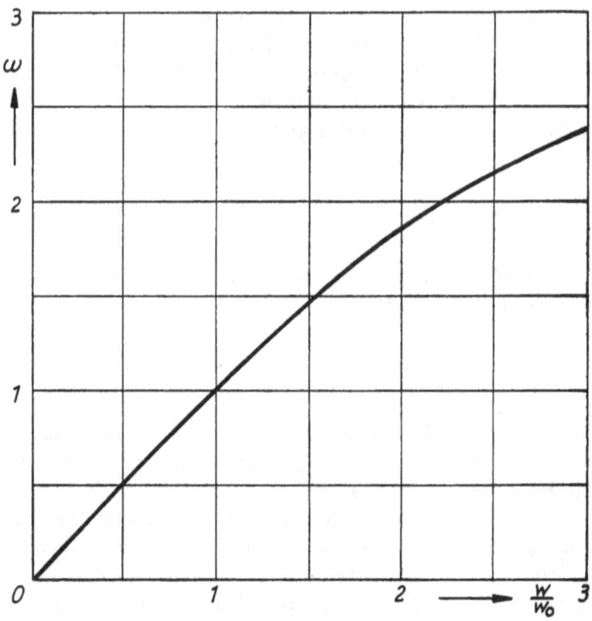

Abb. 3. Verlauf der Funktion $\omega\left(\frac{w}{w_0}\right)$

Tabelle 2

Die Koeffizienten $E_{\nu\sigma}$, E_ν und die Lösungen ε_ν des Systems (3,28) für $n = 4$

ν	0	1	2	3	4
E_{ν_0}	−172,540	218,583	−185,465	0	
E_{ν_1}	−736,218	−664,319	599,535	−141,949	
E_{ν_2}	108,643	−477,271	−928,287	679,694	
E_{ν_3}	−211,643	0	−361,297	−1250,656	
E_ν	− 24,347	− 16,910	− 5,094	0,430	
ε_ν	0,0330	0,0262	0,0141	0,0044	0
$\varepsilon'(\bar{\Theta}_\nu)$	0	− 0,0268	− 0,0293	− 0,0203	0

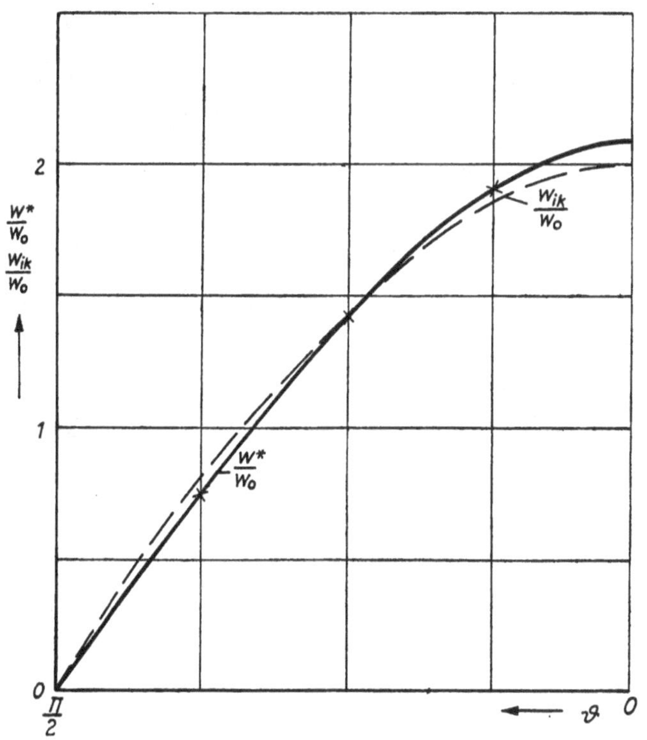

Abb. 4. Geschwindigkeitsverteilung der inkompressiblen und der zur Anström-MACH-Zahl $M_0 = 0{,}3$ gehörigen kompressiblen Strömung längs der Kreiskontur aufgetragen über dem Stromwinkel ϑ

Tabelle 3

Geschwindigkeitsverteilung $w_\nu^* = w(\vartheta_\nu)$ am Profil S_I^* für $n = 4$

Krümmungsradien $\mathfrak{R}^*$ und $\overline{\mathfrak{R}}$

ν	0	1	2	3	4
$\tilde{\Omega}_\nu^*$	0,9670	0,9738	0,9859	0,9957	1
ω_ν^*	1,9351	1,8001	1,3946	0,7621	0
ϑ_ν	0	0,3813	0,7712	1,1678	1,5708
w_ν^*/w_0	2,110	1,920	1,429	0,755	0
$\overline{\mathfrak{R}}$	−0,9162	−0,9409	−0,9895	−1,0317	−1,0649
$\mathfrak{R}^*$	−1,0090	−1,0081	−1,0082	−1,0065	−1,0081

Tabelle 4

Geschwindigkeitsverteilung $w_\nu^* = w(\vartheta_\nu)$ am Profil S_I^* für $n = 8$

ν	0	1	2	3	4	5	6	7	8
$\tilde{\Theta}_\nu$	0	$\frac{\pi}{16}$	$\frac{\pi}{8}$	$3\frac{\pi}{16}$	$\frac{\pi}{4}$	$5\frac{\pi}{16}$	$3\frac{\pi}{8}$	$7\frac{\pi}{16}$	$\frac{\pi}{2}$
ε_ν	0,0333	0,0311	0,0267	0,0212	0,0153	0,0098	0,0098	0,0022	0
$\varepsilon'(\tilde{\Theta}_\nu)$	0	0,0112	0,0224	0,0280	0,0300	0,0280	0,0224	0,0163	0
$\tilde{\Omega}_\nu^*$	0,9667	0,9689	0,9733	0,9788	0,9847	0,9902	0,9946	0,9978	1
α_ν^*	1,9345	1,9017	1,7992	1,6283	1,3929	1,1004	0,7613	0,3893	0
ϑ_ν	0	0,1901	0,3815	0,5747	0,7699	0,9669	1,1647	1,3613	1,5708
w_ν^*/w_0	2,110	2.060	1,920	1,706	1,428	1,105	0,754	0,381	0

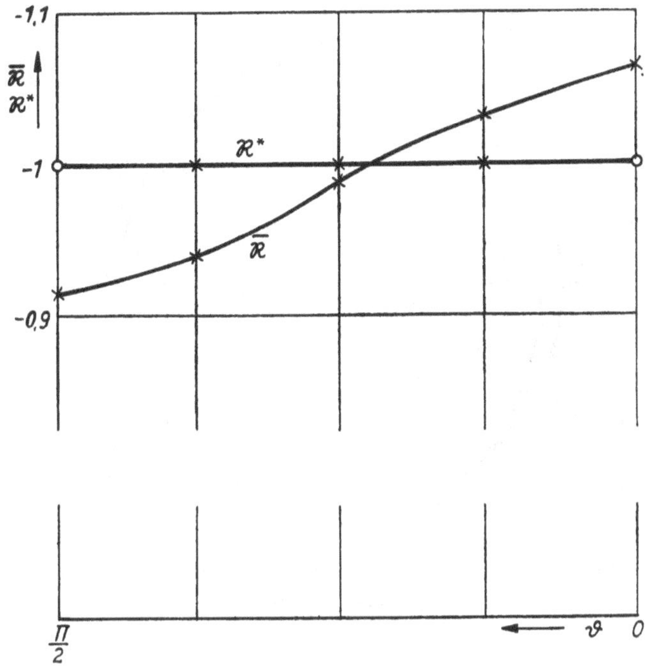

Abb. 5. Krümmungsradius $\bar{\mathfrak{R}}(\vartheta)$ des Profils $\bar{S}_I$ der Ausgangsnäherung $\bar{\psi}$. Krümmungsradius $\mathfrak{R}^*(\vartheta)$ des Profils S_I^* berechnet aus dem linearisierten Randwertproblem in Abschnitt 3

Da wir das direkte Problem infolge der im Abschnitt 3 vorgenommenen Linearisierung nur näherungsweise gelöst haben, ist die Frage nach der Güte der Näherungslösung von grundsätzlicher Bedeutung; d. h. wir haben noch zu untersuchen, ob die Kontur S_I^* von der vorgegebenen Kontur S_I wesentlich weniger abweicht als die Kontur $\bar{S}_I$ der Ausgangsnäherung. Zur Bestimmung von $\bar{S}_I$ wurde der zugehörige Krümmungsradius $\bar{\mathfrak{R}}$ nach (2.31) berechnet und in die Parameterdarstellung (1,4) eingeführt. Ganz analog wurde der Krümmungsradius $\mathfrak{R}^*$ von S_I^* mit Hilfe der Krümmungsformel (1,46) ermittelt. Die Ergebnisse findet man in Tabelle 3. Während $\bar{\mathfrak{R}}$ für $M_0 = 0{,}3$ vom Krümmungsradius $\mathfrak{R} = -1$ des vorgegebenen Profils S_I maximal um 9% abweicht, beträgt die Abweichung beim Profil S_I^* nur noch 1% (vgl. Abb. 5); d. h. wir dürfen

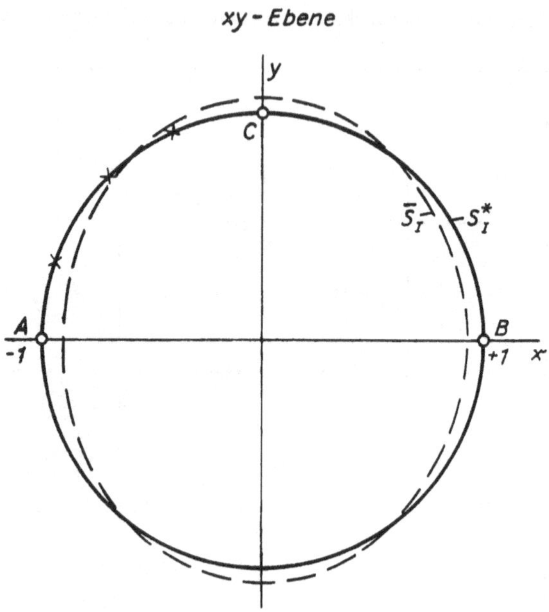

Abb. 6. Profilkonturen $\bar{S}_{\mathrm{I}}$ und S_{I}^* in der xy-Ebene berechnet mittels $\bar{\Re}(\vartheta)$ bzw. $\Re^*(\vartheta)$

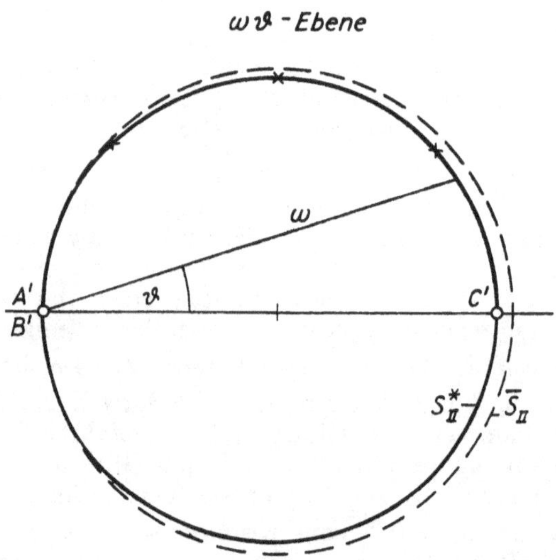

Abb. 7. Bildkurven der Profilkonturen $\bar{S}_{\mathrm{I}}$ und S_{I}^* in der $\omega\vartheta$-Ebene

die für diese Anström-MACH-Zahl berechnete Strömung als eine sehr gute Näherung für die gesuchte Strömung um den Kreiszylinder S_{I} betrachten. Ferner wurde die zu S_{I}^* gehörige Geschwindigkeitsverteilung $w^*(\vartheta)/w_0$ aus den in Tabelle 3 eingetragenen Werten durch Interpolation gewonnen und in Abb. 4 mit der inkompressiblen Geschwindigkeitsverteilung $w_{ik}(\vartheta)/w_0$ verglichen. Die

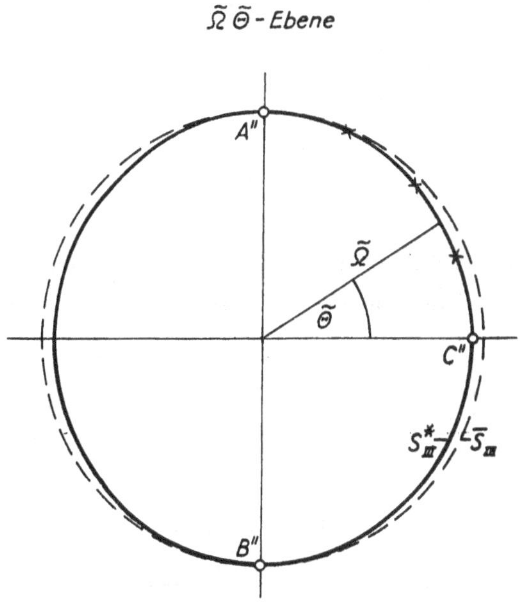

Abb. 8. Bildkurven der Profilkonturen $\bar{S}_{\mathrm{I}}$ und S_{I}^* in der $\tilde{\Omega}\tilde{\Theta}$-Ebene

von F. ESER [4] nach dem Verfahren von JANZEN-RAYLEIGH berechnete dritte Näherung der Geschwindigkeitsverteilung befindet sich mit der von uns berechneten Näherung w^*/w_0 in so guter Übereinstimmung, daß am Geschwindigkeitsmaximum, d. h. bei $\vartheta = 0$, ein Unterschied von etwa 0,2% auftritt.

Eine nochmalige Durchrechnung für $n = 8$ bei sonst gleichen Vorgaben liefert, wie Tabelle 4 zeigt, keine nennenswerte Abweichung von der mit $n = 4$ berechneten Kurve S_{III}^*.

Die Abb. 6 zeigt die Profilkontur $\bar{S}_{\mathrm{I}}$ und S_{I}^* in der Strömungsebene. Ferner geben die Abb. 7 bzw. 8 einen Überblick über die entsprechenden Bildkurven $\bar{S}_{\mathrm{II}}$ und S_{II}^* in der $\omega\vartheta$-Ebene bzw. $\bar{S}_{\mathrm{III}}$

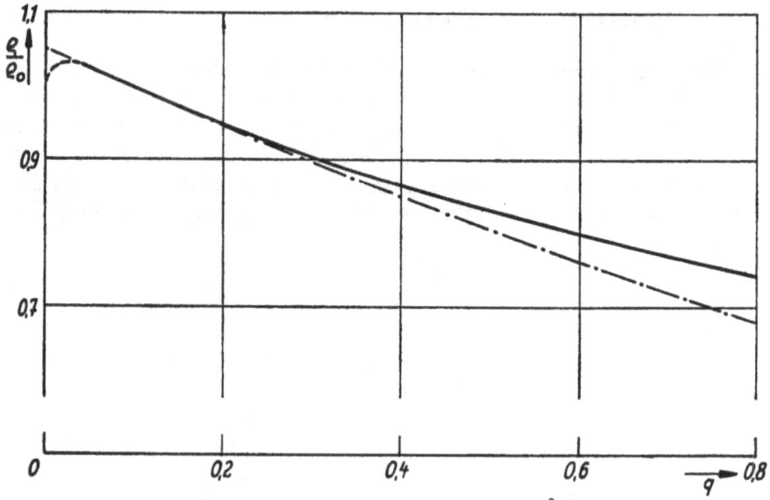

Abb. 9. Verlauf der Dichte $\frac{\varrho}{\varrho_0}$ aufgetragen über $q = \frac{w^2}{a_0^2}$ (ausgezogene Kurve) entsprechend der quadratischen Approximation der POISSON-Adiabate (strichpunktierte Kurve)

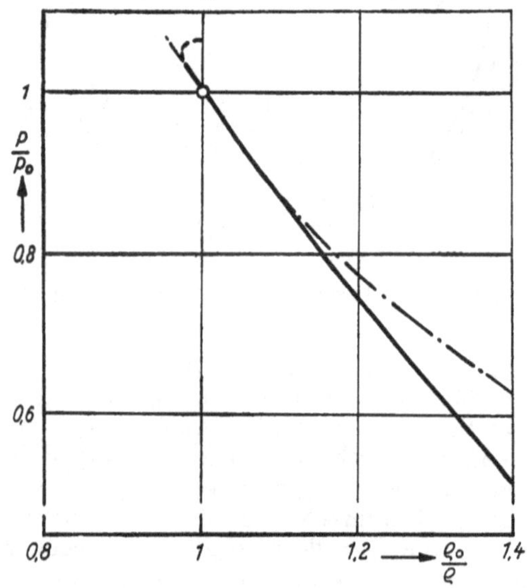

Abb. 10. Verlauf des Druckes $\frac{p}{p_0}$ aufgetragen über der reziproken Dichte $\frac{\varrho_0}{\varrho}$ (ausgezogene Kurve) entsprechend der quadratischen Approximation der POISSON-Adiabate (strichpunktierte Kurve)

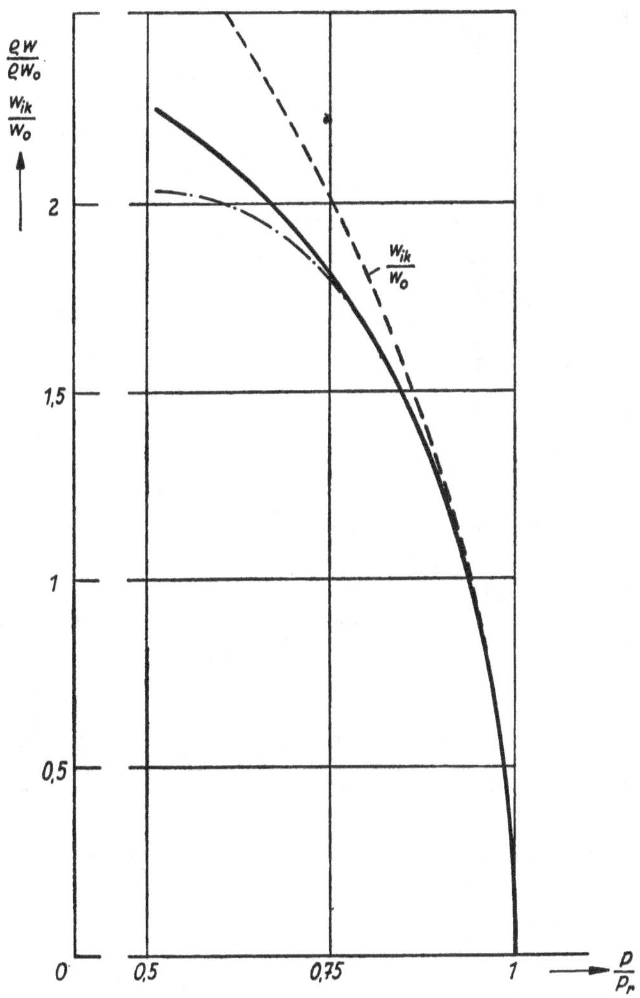

Abb. 11. Stromdichte $\frac{\varrho w}{\varrho_0 w_0}$ aufgetragen über $\frac{p}{p_r}$ (ausgezogene Kurve) entsprechend der quadratischen Approximation der POISSON-Adiabate. Stromdichte $\frac{\varrho w}{\varrho_0 w_0}$ der POISSON-Adiabate (strichpunktierte Kurve). Stromdichte $\frac{w_{ik}}{w_0}$ der inkompressiblen Strömung (gestrichelte Kurve)

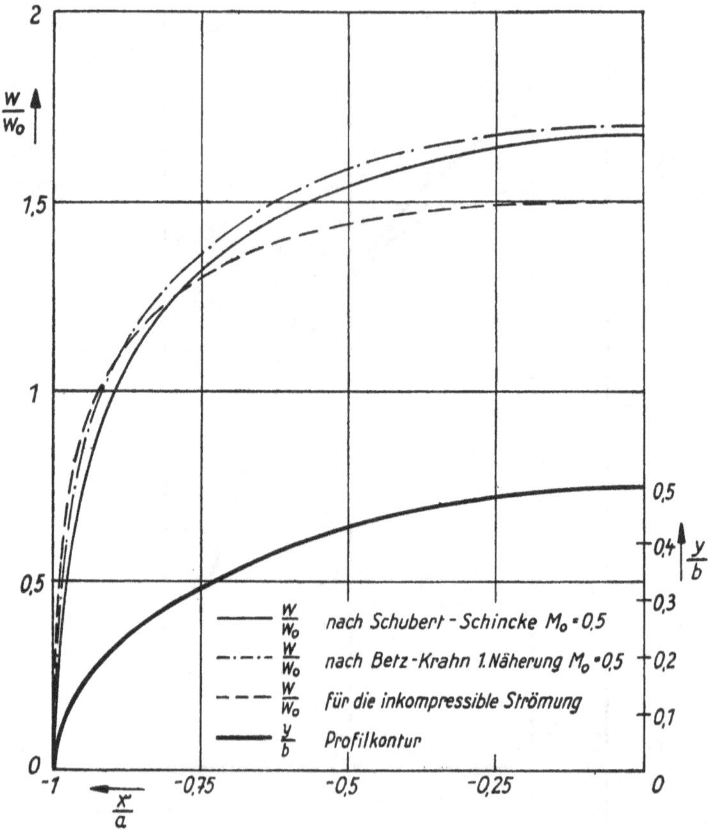

Abb. 12. Geschwindigkeitsverteilung am elliptischen Zylinder vom Dickenverhältnis $d = 0{,}5$ und Profilkontur

und S_{III}^* in der $\bar{\Omega}\bar{\Theta}$-Ebene. Mit A ist in Abb. 6 der vordere, mit B der hintere Staupunkt und mit C der Ort des Geschwindigkeitsmaximums gekennzeichnet. Die entsprechenden Bildpunkte in Abb. 7 bzw. 8 sind A', B', C' bzw. A'', B'', C''.

Um im vorliegenden Beispiel die Güte der quadratischen Approximation der Adiabatenkurve nachzuprüfen, haben wir zunächst in Abb. 9 die Lösung $\varrho(q)/\varrho_0$ der Anfangswertaufgabe (1,57), (1,58) mit der zur POISSON-Adiabate gehörigen Kurve verglichen und in Abb. 10 die entsprechenden Kurven für $p(\varrho_0/\varrho)/p_0$ aufgetragen. Außerdem haben wir in Abb. 11 die entsprechenden Stromdichtekurven dargestellt. Wie der Vergleich mit der inkompressiblen Kurve $w_{ik}(p/p_r)/w_0$ zeigt, verhält sich in einer Umgebung $0{,}85 \leqq p/p_r \leqq 1$ der Staupunkte $p = p_r$ die berechnete kompressible Strömung wie die zugehörige inkompressible Strömung um das Kreisprofil. Daher haben die Abweichungen der beiden in Abb. 9 dargestellten Kurven für $\varrho(q)/\varrho_0$ in einer kleinen Umgebung von $q = 0$ keine nennenswerte physikalische Bedeutung.

Eine weitere Rechnung hat gezeigt, daß beim Übergang von $M_0 = 0{,}3$ zu höheren Anström-MACH-Zahlen die $\varepsilon_\nu = \varepsilon(\bar{\Theta}_\nu)$ ihrem Betrag nach stark anwachsen, d. h. daß S_{III} nicht mehr in einer hinreichend kleinen Nachbarschaft von $\bar{S}_{\text{III}}$ verläuft. Daher kann nicht mehr erwartet werden, daß die Linearisierung des transformierten Problems in bezug auf die ε_ν mit wachsender Anström-MACH-Zahl noch zulässig ist. Um diese Schwierigkeit zu vermeiden, müßte man eine zweckmäßigere Ausgangsnäherung wählen. Herr K.-H. MÜLLER [5] hat die Geschwindigkeitsverteilung an einer elliptischen Kontur vom Dickenverhältnis $d = 0{,}5$ für die Anström-MACH-Zahl $M_0 = 0{,}5$ nach dem vorliegenden Verfahren ermittelt und dabei als Ausgangsnäherung für $\bar{S}_{\text{I}}$ denjenigen Hodographen zugrunde gelegt, den der erste Schritt des BETZ-KRAHN-Verfahrens [6] liefert (vgl. Abb. 12).

Die Rechnungen zu unseren Untersuchungen sind von Herrn H. TOELLE am II. Mathematischen Institut der Martin Luther-Universität Halle-Wittenberg zunächst mit der Tischrechenmaschine ausgeführt worden. Später hat Herr J. KRÖTENHEERDT [7] das vorliegende Randwertproblem programmiert und am Relais-Automaten „Oprema“ des VEB Carl Zeiss in Jena für $n = 4$ durchgerechnet. Bei der zugrunde gelegten Anström-MACH-Zahl $M_0 = 0{,}3$ ergab sich, abgesehen von den Rundungsfehlern, die gleiche Geschwindigkeitsverteilung wie in Tabelle 3. Beiden Herren möchten wir für die Durchführung der umfangreichen Rechnungen herzlich danken.

Literatur[1]

[1] H. Schubert-E. Schincke: Zum Konturproblem der Hodographenmethode im Unterschall. Ber. üb. d. Verhdl. d. Sächs. Akad. d. Wiss. zu Leipzig. Math.-nat. Kl. Bd. 102, Heft 2 (1957).

[2] H. Schubert-E. Schincke: Zur Ermittlung von Unterschallströmungen mit der Transformationsmethode bei quadratischer Approximation der Adiabate. Ber. üb. d. Verhdl. d. Sächs. Akad. d. Wiss. zu Leipzig. Math.-nat. Kl. Bd. 101, Heft 6 (1955).

[3] W. Magnus-F. Oberhettinger: Formeln und Sätze für die speziellen Funktionen der Mathematischen Physik. 2. Aufl. Springer, Berlin (1948).

[4] F. Eser: Zur Strömung kompressibler Flüssigkeiten um feste Körper mit Unterschallgeschwindigkeit. Lufo. Bd. 20 (1943).

[5] K.-H. Müller: Numerische Berechnung einer Unterschallströmung um ein elliptisches Profil mittels der Hodographenmethode bei quadratischer Approximation der Adiabate. Dipl.-Arb. Univ. Halle (1957) (unveröffentlicht).

[6] E. Krahn: Näherungsverfahren zur Berechnung kompressibler Unterschallströmung. ZAMM Bd. 29 (1949).

[7] J. Krötenheerdt: Numerische Berechnungen zur Theorie kompressibler Profilströmungen. Dipl.-Arb. Univ. Halle (1958) (unveröffentlicht).

[1]) Weitere Literaturhinweise finden sich in [1].

Fortsetzung von der 2. Umschlagseite

Band 99

Heft 1 Prof. Dr. HEINRICH BRANDT / Über das quadratische Reziprozitätsgesetz
18 Seiten – 8° – 1951 – DM 1,90 *(vergriffen)*

Heft 2 Prof. Dr. GEORG SPACKELER / Der Gebirgsdruck und seine Beherrschung durch den Bergmann
36 Seiten – 12 Abbildungen – 8° – 1951 – DM 1,65 *(vergriffen)*

Heft 3 Prof. Dr. ERNST DIEPSCHLAG / Die Anwendbarkeit der Regelungstechnik in der Hüttenindustrie
38 Seiten – 12 Abbildungen – 8° – 1952 – DM 3,90

Heft 4 Prof. Dr. ALBERT FROMME / Die Bedeutung der Entwicklungsgeschichte, besonders des Mesenchyms für die Klinik
24 Seiten – 8° – 1952 – DM 1,75 *(vergriffen)*

Heft 5 Dr. ROBERT BÖKER / Die Entstehung der Sternsphäre Arats
68 Seiten – 4 Abbildungen – 2 Ausschlagtafeln – 3 Tabellen – 8° – 1952 – DM 5,60

Band 100

Heft 1 Prof. Dr. HEINRICH BRANDT / Über Stammfaktoren bei ternären quadratischen Formen
24 Seiten – 8° – 1952 – DM 2,25

Heft 2 Dr. PAUL GÜNTHER / Zur Gültigkeit des Huygensschen Prinzips bei partiellen Differentialgleichungen vom normalen hyperbolischen Typus
43 Seiten – 8° – 1952 – DM 5,–

Heft 3 Dr. ALFRED MÜLLER / Die Schaubarkeit in der Axonometrie
22 Seiten – 3 Ausschlagtafeln – 8° – 1952 – DM 3,–

Heft 4 Prof. Dr.-Ing. ENNO HEIDEBROEK / Die Beziehungen zwischen Härte, Schmierung und Verschleißfestigkeit
Nachdruck – 40 Seiten – 10 Abbildungen – 8° – 1954 – DM 3,40

Heft 5 Prof. Dr. ROBERT SCHRÖDER / Frauenheilkunde in Forschung und Praxis
22 Seiten – 8° – 1952 – DM 1,35

Heft 6 Dr. ROLF REISSIG / Die pandiagonalen Quadrate vierter Ordnung
54 Seiten – 8° – 1952 – DM 5,–

Heft 7 Prof. Dr. MAX ROBITZSCH † / Die Erforschung der Atmosphäre, ihre Methodik und ihre Probleme
30 Seiten – 12 Abbildungen – 4 Kunstdrucktafeln – 8° – 1953 – DM 2,50

Band 101

Heft 1 Prof. Dr. KURT SCHWABE / Periodische Erscheinungen bei der anodischen Auflösung des Zinks
33 Seiten – 14 Abbildungen – 8° – 1954 – DM 3,–

Heft 2 Dr. UDO PIRL / Positive Lösungen einer nichtlinearen Integralgleichung
44 Seiten – 2 Abbildungen – 8° – 1953 – DM 4,–

Heft 3 Dr. JOACHIM FOCKE / Asymptotische Entwicklungen mittels der Methode der stationären Phase
2. unveränderte Auflage – 48 Seiten – 8° – 1957 – DM 4,80 *(vergriffen)*

Heft 4 Prof. Dr. HANS SALIÉ / Zur Verteilung natürlicher Zahlen auf elementfremde Klassen
26 Seiten – 8° – 1954 – DM 2,50

Heft 5 Prof. Dr.-Ing. ENNO HEIDEBROEK / Die Verantwortlichkeit des Ingenieurs
22 Seiten – 8° – 1954 – DM 1,–

Heft 6 Prof. Dr. HANS SCHUBERT / Dr. ERICH SCHINCKE / Zur Ermittlung von Unterschallströmungen mit der Transformationsmethode bei quadratischer Approximation der Adiabate
32 Seiten — 6 Abbildungen — 2 Tabellen — 8° — 1955 — DM 2,30

Heft 7 Dr. HELMUT SCHAEFER / Neue Existenzsätze in der Theorie nichtlinearer Integralgleichungen
40 Seiten — 8° — 1955 — DM 2,40

Band 102

Heft 1 Dr. PAUL GÜNTHER / Über einige spezielle Probleme aus der Theorie der linearen partiellen Differentialgleichungen zweiter Ordnung
50 Seiten — 8° — 1957 — DM 4,60 *(vergriffen)*

Heft 2 Prof. Dr. HANS SCHUBERT / Dr. ERICH SCHINCKE / Zum Konturproblem der Hodographenmethode im Unterschall
25 Seiten — 8° — 1957 — DM 2,20

Heft 3 Prof. Dr. FRANZ RUNGE / Über die Polymerisation ungesättigter organischer Verbindungen
13 Seiten — 1 Tabelle — 8° — 1957 — DM 1,—

Heft 4 Dr. VICTOR VALCOVICI / Une extension des liaisons non holonomes et des principes variationnels
39 Seiten — 8° — 1958 — DM 2,40

Heft 5 Dr. ROLF KLÖTZLER / Beiträge zur Theorie mehrdimensionaler Variationsprobleme mit geknickten Extremalen
72 Seiten — 8° — 1958 — DM 4,30

Heft 6 Prof. Dr. PAULA HERTWIG / Strahlenschäden und Strahlenschutz im zellulären Bereich
43 Seiten — 14 Abbildungen — 6 Tabellen — 4 Tafeln — 8° — 1957 — DM 2,—

Heft 7 Prof. Dr. WILHELM TREIBS / Entwicklungslinien der organischen Chemie
25 Seiten — 8° — 1957 — DM 1,40

Band 103

Heft 1 Prof. Dr. GEORG SPACKELER / Über die Möglichkeit einer Lieferung von Magnesiumsulfat als Düngemittel seitens des Kalibergbaus der Deutschen Demokratischen Republik
Prof. Dr. ANTON ARLAND / Magnesium im Landbau
38 Seiten — 1 Abbildung — 2 Landkarten — 8° — 1958 — DM 1,90

Heft 2 Prof. Dr. HEINRICH BREDT / Über den Tod. Eine naturwissenschaftliche Betrachtung
26 Seiten — 8° — 1958 — DM 1,10

Heft 3 Dr. HANS WUSSING / Über Einbettungen endlicher Gruppen
38 Seiten — 8° — 1958 — DM 2,50

Heft 4 Prof. Dr. ERNST NEEF / Über die Veränderlichkeit unserer geographischen Umwelt
19 Seiten — 8° — 1959 — DM 1,20

Heft 5 Prof. Dr. WOLFGANG LANGENBECK / Zur Biochemie der Spurenmetalle. Mit Diskussionsbeiträgen.
16 Seiten — 4 Tabellen — 8° — 1959 — DM 1,—

Heft 6 Vorliegendes Heft

Bestellungen durch eine Buchhandlung erbeten

Vor 1945 erschienene Berichte antiquarisch durch den Akademie-Verlag, Berlin, zum Teil noch lieferbar

AKADEMIE-VERLAG · BERLIN